Qui sommes-nous ?

Les étoiles et les planètes

Texte de Emmanuelle Figueras

MANGO JEUNESSE

Collection dirigée par Hélène Montardre
Édition : Mathilde Guillier
Maquette : Rachel Bisseuil
Iconographie : Anne Lauprête
Relecture : Pierre-Olivier Barome
Fabrication : Thierry Dubus, Anne Floutier
L'auteur remercie Olivier Gadal, chargé de programmation
au Planétarium de la Cité de l'espace, pour sa relecture.

Loi n° 49-956 du 16 juillet 1949 sur les publications
destinées à la jeunesse
ISBN : 978-2-7404-2502-2
Dépôt légal : Février 2009
Photogravure : Point 4
Achevé d'imprimer en Chine sur les presses de C&C offset Printing Co., Ltd
en mai 2013
N° d'édition : M 13051-03
www.fleuruseditions.com

Sommaire

Les étoiles et les planètes

Dans l'espace, la Terre est vraiment minuscule. Elle est un peu comme un grain de sable sur une plage gigantesque… Un petit pois perdu dans l'univers !
Dans l'espace, tout est plus grand, plus gros ou plus loin que tout ce qui existe sur la Terre. Comme tout est vraiment immense, on ne calcule pas les distances en kilomètres, mais en années-lumière. Une année-lumière est la distance parcourue par la lumière en une année, c'est-à-dire 9 460 milliards de kilomètres !
La taille de l'univers est si énorme qu'elle est impossible à imaginer. Personne ne sait où il commence, ni où il se termine. On pense que l'univers serait né il y a plus de 13,7 milliards d'années suite à une « explosion » que les scientifiques appellent le « big bang ». On pense aussi que l'univers est toujours en mouvement. Il peut continuer à s'agrandir. Une seule chose est sûre : nous sommes encore incapables de voir tout ce qui s'y passe, même avec les appareils les plus perfectionnés qui existent ! Qu'y a-t-il exactement au-dessus de nos têtes ?
Bienvenue dans un monde sombre et mystérieux, que les astronomes étudient pour essayer de mieux le comprendre.

Il a fallu inventer des appareils de plus en plus sophistiqués pour voir la Terre depuis la planète Mars. Des progrès incroyables ont été accomplis depuis la création de la première fusée en 1926. Mais l'exploration de l'espace ne fait que commencer !

Un monde sans fin

Qu'y a-t-il dans l'espace ? L'univers est si grand qu'il est impossible de voir tout ce qu'il y a à l'intérieur ! Il comprend des milliards et des milliards de galaxies, ce qui fait des étoiles à l'infini. Les galaxies sont des groupements de plusieurs centaines de milliards d'étoiles. Des nuages de poussières et de gaz lumineux flottent à l'intérieur. On appelle ces nuages des « nébuleuses ». Depuis la Terre, on voit facilement la galaxie de la Voie lactée. Normal, on vit dedans ! Le Soleil et les planètes qui lui tournent autour en font partie aussi.

La Terre se trouve dans la galaxie de la Voie lactée. On l'appelle la Voie lactée parce qu'elle ressemble à un nuage de lait dans le ciel étoilé.

Comment appelle-t-on un groupe de plusieurs galaxies ?

Réponse 1 : Un magma.
Réponse 2 : Un amas.
Réponse 3 : Un tas.

Qui suis-je ?

La Voie lactée

MON ADRESSE :
Je vis entre deux autres galaxies : le grand nuage de Magellan et le petit nuage de Magellan.

MA TAILLE :
Vue de la Terre, j'ai l'air toute petite. Mais je rassemble plus de 200 milliards d'étoiles. Je suis tellement grande qu'un vaisseau spatial mettrait 2 milliards d'années pour me traverser !

MON ÂGE :
Je suis née il y a environ 13,6 milliards d'années, juste après le big bang.

MES SIGNES PARTICULIERS :
J'ai inspiré de nombreuses légendes aux hommes. Pour les Vikings, j'étais un pont entre la terre et le ciel pour permettre aux morts de rejoindre le ciel. Pour les Grecs, j'étais du lait qui s'écoulait des seins de la déesse Héra.

Un groupe de plusieurs galaxies s'appelle un amas.

Quelle découverte !

Il existe des milliards d'autres galaxies comme celle dans laquelle nous vivons. Tous les scientifiques sont aujourd'hui d'accord sur ce point, mais il a fallu beaucoup de temps pour s'en apercevoir. Pendant longtemps, les astronomes pensaient que les autres galaxies qu'ils voyaient dans le ciel étaient des nébuleuses. Quelle erreur ! C'est l'astronome américain Edwin Powell Hubble qui, en 1924, a prouvé au monde entier que ces nébuleuses étaient en fait des galaxies. Grâce à la fabrication d'un télescope très puissant, il a pu observer au moins quatre nouvelles galaxies dans le ciel.

On peut facilement observer les galaxies les plus proches de la nôtre. Mais elles sont si loin de la Terre qu'il faudrait plusieurs millions d'années pour y parvenir avec une navette spatiale.

Des galaxies de différentes formes

Vues de loin dans le ciel, les galaxies sont toutes différentes. Il en existe des minuscules et des géantes. Les plus connues sont les galaxies en forme de spirale, comme la Voie lactée. Si on pouvait la voir du dessus, on dirait qu'elle ressemble à un énorme escargot volant. Mais il existe aussi des petites galaxies pleines de gaz et de poussières, qui contiennent « seulement » quelques millions de jeunes étoiles. Ces galaxies ne ressemblent à rien : ce sont les « galaxies irrégulières ».

On dirait un ballon de rugby dans l'espace, mais c'est une galaxie elliptique. Ces galaxies sont surtout composées de vieilles étoiles.

Qu'est-ce que c'est ? Un vaisseau extraterrestre ? Non, c'est une galaxie spirale barrée ! Ces galaxies ressemblent un peu à des hélices de bateau.

Ça bouge dans l'espace !

L'univers grandit encore, il bouge tout le temps. La Terre, le Soleil, les galaxies… tout tourne à toute vitesse dans l'espace. La Voie lactée s'avance vers la galaxie d'Andromède, qui fonce vers un groupe de galaxies voisines… Les galaxies peuvent se rencontrer ou s'éloigner les unes des autres. Les galaxies les plus grosses « mangent » parfois les plus petites. Les scientifiques pensent par exemple que la petite galaxie du Sagittaire, située à 80 000 années-lumière de la Terre, sera bientôt absorbée par la Voie lactée.

Quand deux galaxies se rencontrent, les nuages de gaz et de poussières explosent comme un grand feu d'artifice dans l'espace. Le choc est si violent qu'il provoque la formation de plusieurs millions de nouvelles étoiles.

Un ciel
plein d'étoiles

Incroyable, tout ce qu'il y a dans l'espace ! Des milliards de planètes tournent autour de milliards d'étoiles. Les étoiles sont d'énormes boules lumineuses de gaz brûlants. Le Soleil, qui nous paraît si exceptionnel, est une étoile de taille assez moyenne si on la compare à d'autres qui sont beaucoup plus grosses. Les planètes, comme la Terre, Mars ou Vénus, sont des objets sombres qui tournent autour des étoiles. Le mot « planète » vient du grec *planêtês* qui veut dire « vagabond ». Contrairement aux étoiles qui bougent mais qu'on ne voit pas bouger dans le ciel, les planètes, elles, changent plus vite de position.

Certaines planètes ressemblent à des étoiles dans le ciel. Vénus est l'une des plus faciles à observer à l'œil nu.

Quelle est l'étoile la plus proche de la Terre ?

Réponse 1 : Le Soleil.
Réponse 2 : L'étoile Polaire.
Réponse 3 : Vénus.

Qui suis-je ?

L'étoile Polaire

MON ADRESSE :
Je me trouve à environ 430 années-lumière du système solaire. Pour me retrouver, il suffit de chercher la constellation de la Petite Ourse, je suis dedans.

MON ÂGE :
Les astronomes pensent que je suis née en même temps que le Soleil, il y a 5 milliards d'années.

MES SIGNES PARTICULIERS :
Je suis célèbre auprès des astronomes et des navigateurs parce que j'indique le Nord. Mais je suis tellement loin de la Terre que ma lumière met plus de 400 ans à parvenir jusqu'à elle, alors que celle du Soleil ne met que 8 minutes !

L'étoile la plus proche de la Terre est le Soleil.

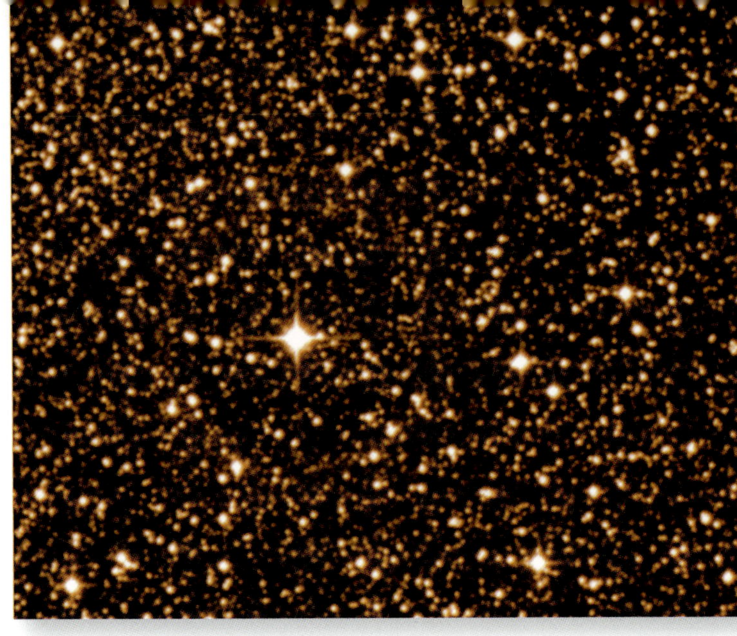

L'étoile Proxima du Centaure (la plus brillante sur la photo) est impossible à observer à l'œil nu. Elle est si loin de nous que le vaisseau spatial le plus rapide du monde mettrait 19 000 ans pour l'atteindre.

À des milliards de kilomètres

Vues de la Terre, les étoiles ont l'air toutes petites. Mais elles sont beaucoup plus grosses que notre planète. Si elles nous semblent minuscules, c'est parce qu'elles sont très loin de nous. Leur lumière a voyagé pendant plusieurs années, parfois plusieurs siècles, avant d'arriver jusqu'à nous. Le Soleil nous semble énorme parce qu'il est l'étoile la plus proche de la Terre : il se trouve « seulement » à 150 millions de kilomètres de nous. Mais si on pouvait y aller en voiture en roulant à environ 100 kilomètres-heure, il faudrait quand même 171 ans pour y arriver !

Les étoiles forment des dessins dans le ciel, qu'on appelle des « constellations ». Les hommes en ont compté 88. Cassiopée est l'une des plus faciles à observer : on la reconnaît bien grâce à sa forme en « W ».

Rouges, jaunes ou bleues

En regardant le ciel, on dirait que les étoiles sont toutes de la même couleur. Faux ! Les astronomes ont pu différencier trois catégories d'étoiles : les bleues, les jaunes et les rouges. Les étoiles bleues sont les plus chaudes, avec une température à la surface qui varie entre 10 000 °C et 35 000 °C. La température en surface des étoiles jaunes, comme le Soleil, se situe à environ 6 000 °C. Celle des étoiles rouges n'est « que » de 3 000 °C, alors qu'il fait environ 5 000 °C au centre de la Terre.

La plupart des étoiles de notre galaxie sont des étoiles jaunes, comme celles de la Grande Ourse.

Vie et mort des étoiles

Les étoiles sont vivantes. Comme les hommes, elles naissent et elles meurent. Mais leur durée de vie est beaucoup plus longue. Une étoile de taille moyenne, comme le Soleil, vit environ dix milliards d'années ! Quand elle a épuisé ses réserves de gaz, elle gonfle comme un ballon de baudruche jusqu'à devenir cent fois plus grosse. Elle porte alors le nom de « géante rouge ». Puis elle maigrit et se ratatine pour devenir toute petite : c'est une « naine blanche ». Ensuite, elle s'éteint tout doucement. L'étoile morte se transforme alors en « naine noire ».

Quand une très grosse étoile disparaît, elle explose. Il reste alors un trou noir dans l'espace qui attire comme un aimant tout ce qui passe à sa portée !

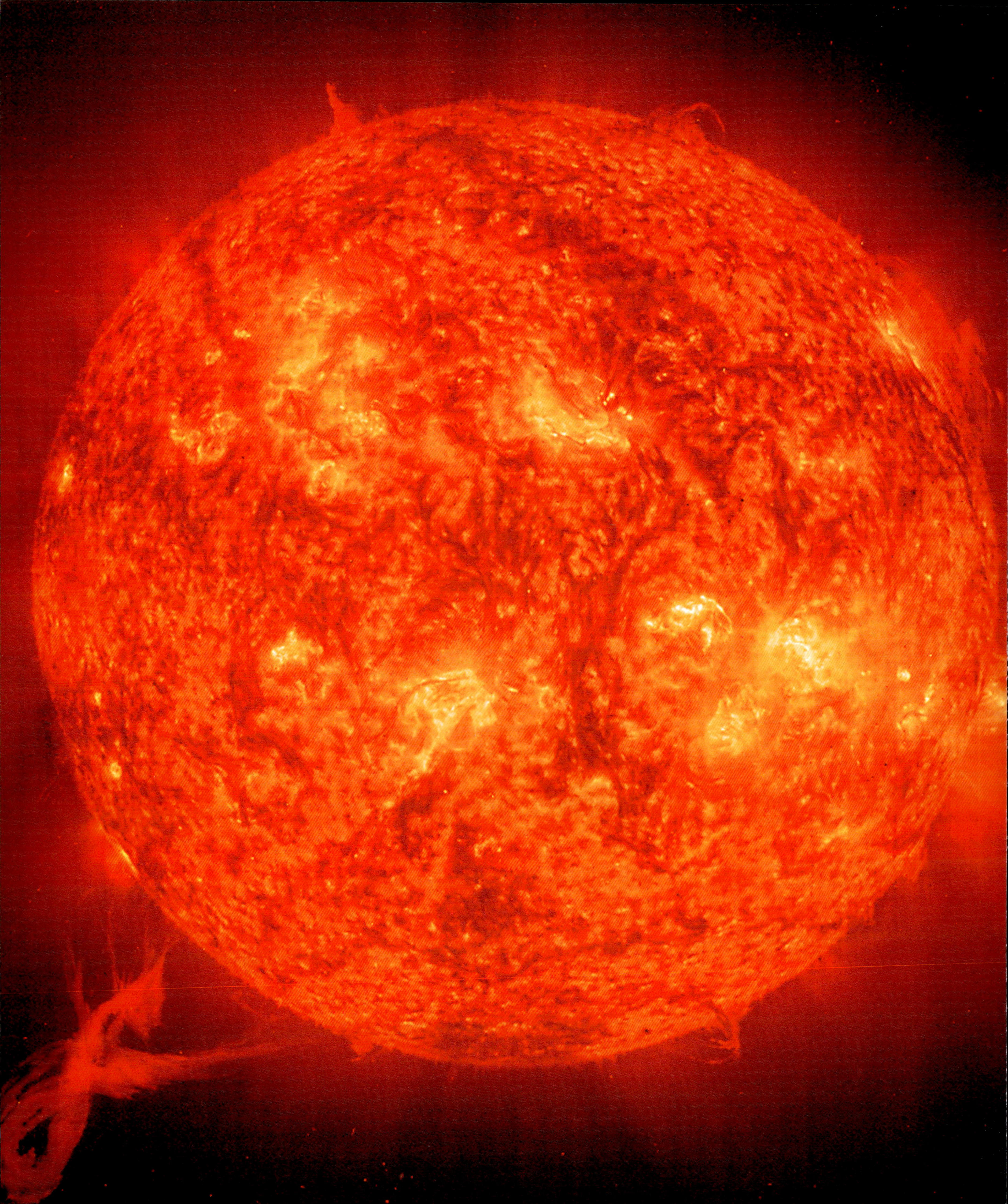

Autour du Soleil

Difficile d'imaginer un monde sans soleil… Et pourtant ! Le Soleil n'a pas toujours existé dans le ciel. Il est né un peu avant la formation de la Terre, il y a plusieurs milliards d'années. Les scientifiques pensent que des nuages de gaz qui tourbillonnaient dans l'espace se sont rassemblés un jour pour donner naissance au Soleil. Il entraîne aujourd'hui huit planètes et d'autres objets rocheux ou gazeux, qui tournent autour de lui comme s'ils étaient attirés par un gigantesque aimant. Le tout forme ce qu'on appelle le « système solaire ».

Le Soleil est une énorme étoile. Il est si gros qu'on pourrait mettre plus d'1,4 million de planètes comme la Terre à l'intérieur !

Quelle température fait-il à la surface du Soleil ?

Réponse 1 : Plus de 1 000 °C.

Réponse 2 : Plus de 5 700 °C.

Réponse 3 : Plus de 15 000 °C.

Qui suis-je ?

Le système solaire

MON ADRESSE :
Je me trouve dans la galaxie de la Voie lactée.

MON ÂGE :
Je suis né il y a environ 5 milliards d'années.

MES SIGNES PARTICULIERS :
Je suis composé d'au moins 8 planètes qui se sont formées après la naissance du Soleil : Mercure, Vénus, la Terre, Mars, Jupiter, Saturne, Uranus et Neptune. Toutes ces planètes mettent plus ou moins de temps pour faire le tour du Soleil. Les plus rapides sont les plus proches du Soleil.

À la surface du Soleil, la température dépasse les 5 700 °C.

Chaud devant !

Le Soleil fonce dans l'espace à la vitesse de 70 000 kilomètres-heure, alors que la plus rapide des voitures de course dépasse à peine les 400 kilomètres-heure. Attention, ça brûle ! Sa température intérieure peut atteindre 15 millions de degrés. Le Soleil est une véritable chaudière qui explose sans arrêt depuis des milliards d'années. Il est si lumineux qu'il brille tout le temps. On ne le voit pas la nuit parce que la Terre tourne sur elle-même. Si elle était immobile, la moitié de notre monde vivrait en plein jour, et l'autre moitié la nuit.

Le Soleil crache des jets de gaz brûlants. Les plus gros mesurent des centaines de milliers de kilomètres de long.

Depuis la Terre, au pôle Sud et au pôle Nord, on peut parfois observer des aurores polaires. Ce sont des poussières de Soleil qui apparaissent dans la nuit en formant des lumières de toutes les couleurs.

Pendant une éclipse totale, le Soleil est complètement caché par la Lune. Il fait nuit sur Terre même en plein jour, mais ce drôle de spectacle ne dure que quelques minutes.

Partie de cache-cache

Il arrive parfois des phénomènes étranges sur la Terre. Le Soleil se cache en plein jour, et la nuit tombe brutalement. Que se passe-t-il ? La Lune passe entre la Terre et le Soleil. Elle cache la totalité ou seulement une petite partie du Soleil : c'est ce qu'on appelle une « éclipse de Soleil ». Le résultat est surprenant mais pas si rare. Des éclipses solaires se produisent environ tous les quinze mois. Elles sont faciles à prévoir, et les passionnés d'astronomie savent très bien où et quand auront lieu les prochaines éclipses de Soleil.

La mort du Soleil

Le Soleil est une étoile vivante, comme des centaines de milliards d'autres étoiles dans le ciel. Cette énorme boule de gaz se consume lentement. D'après les scientifiques, le Soleil a déjà vécu la moitié de sa vie. Il devrait vivre pendant encore cinq milliards d'années. Ensuite, ses réserves s'épuiseront. Il engloutira toutes les planètes qui l'entourent et deviendra tout petit avant de disparaître du ciel. Mais quand ce moment arrivera, les hommes ne vivront peut-être plus sur la Terre.

La vie sur Terre serait impossible sans le Soleil. Il y ferait très froid et sombre.

La Terre, Mercure et Vénus

Mercure, Vénus, la Terre et Mars sont les quatre plus petites planètes du système solaire. Elles sont toutes situées près du Soleil. Ces quatre planètes sont composées de roches et de cailloux. Leur sol est solide comme de la pierre ! On peut marcher dessus et tenir debout sans s'y enfoncer ni s'envoler. Les scientifiques les appellent les « planètes rocheuses », contrairement aux « planètes gazeuses », qui sont d'énormes boules de gaz sur lesquelles il est impossible de marcher. Parmi toutes ces planètes, une seule est habitable par l'homme : la Terre.

Quelle jolie couleur ! Vue de l'espace, la Terre est toute bleue, à cause de ses océans et de la couche de gaz qui l'entoure et qu'on appelle l'« atmosphère ».

Quelle est la planète la plus difficile à observer dans le ciel ?

Réponse 1 : Vénus.
Réponse 2 : La Terre.
Réponse 3 : Mercure.

Qui suis-je ?

La Terre

MON ADRESSE :
Je suis la troisième planète en partant du Soleil.

MA TAILLE :
Je mesure 13 000 km de diamètre.

MON ÂGE :
Je suis née il y a environ 4,5 milliards d'années.

MES SIGNES PARTICULIERS :
Je suis la seule planète du système solaire qui possède de l'eau liquide à sa surface. Je suis aussi ni trop chaude, ni trop froide. Et les gaz qui composent mon air, comme l'azote, le dioxyde de carbone et l'oxygène, permettent aux hommes de respirer. Toutes ces conditions ont favorisé le développement de la vie.

Mercure est la planète la plus difficile à observer dans le ciel.

Mercure ressemble un peu à notre Lune. Son sol est plein de trous causés par des pierres qui tombent très brutalement, car il n'y a pas d'air pour freiner leur chute.

De la poussière partout

Mercure est si près du Soleil qu'elle est très difficile à observer. Elle est encore très mystérieuse. Les scientifiques savent seulement que cette toute petite planète tourne très vite autour du Soleil, mais très lentement sur elle-même. Sur Mercure, une journée dure l'équivalent de deux mois sur Terre ! Il y fait jusqu'à 425 °C en plein jour alors que la température dégringole à - 170 °C la nuit. Ces coups de chaud et froid font éclater les cailloux situés à la surface du sol. Petit à petit, les cailloux se transforment en poussières qui recouvrent pratiquement toute la planète.

Plusieurs petits vaisseaux ont été envoyés sur le sol de Vénus. Mais le poids de l'air y est si lourd, que tous les engins ont été détruits en peu de temps !

Drôle de voisine !

Vénus est l'objet le plus brillant dans le ciel après la Lune et le Soleil. Mais il n'y a pas de mystère : si on la voit briller aussi fort dans le ciel, c'est parce qu'elle est la planète la plus proche de la Terre ! Parfois, Vénus se trouve « seulement » à 48 millions de kilomètres de nous. Elle est si proche que les hommes ont longtemps pensé que cette planète pouvait être habitée elle aussi. Quelle déception ! Quand ils ont commencé à explorer Vénus, les scientifiques ont découvert un monde infernal et totalement désert, sans aucune trace de vie.

Vénus est la planète la plus facile à observer dans le ciel. On l'appelle l'« étoile du berger » parce qu'elle apparaît parfois avant la tombée de la nuit, au moment de rentrer les moutons.

Vénus est toujours entourée d'une épaisse couche nuageuse. Il a fallu construire des appareils très perfectionnés pour réussir à prendre des photos à travers les nuages.

Une planète dangereuse

Vénus est une planète dangereuse pour l'homme. Si on posait un soldat de plomb sur son sol, il fondrait immédiatement tellement il y fait chaud ! Le sol brûlant peut dépasser les 480 °C. Et quand il pleut, les gouttes de pluie s'évaporent tout de suite. Quel enfer ! Sur Vénus, le poids de l'air est si lourd qu'un être vivant serait écrasé s'il voulait s'y promener. De plus, l'air est chargé de produits toxiques qu'il est impossible de respirer sans mourir empoisonné.

Mars, la planète rouge

De toutes les planètes du système solaire, Mars est celle qui ressemble le plus à la nôtre. Elle est née il y a environ quatre milliards et demi d'années, à peu près en même temps et dans les mêmes conditions que la Terre. Mais elle est deux fois plus petite. Les scientifiques considèrent un peu Mars comme la petite sœur de la Terre. Depuis 1960, plus de quarante vaisseaux ont été envoyés dans l'espace pour essayer d'explorer cette curieuse planète. Quelle histoire ! Il a fallu attendre au moins dix ans avant de réussir à faire atterrir un engin sur Mars ! Mais aujourd'hui, cette planète est sûrement celle que nous connaissons le mieux après la Terre.

Lancée en août 2005, la sonde spatiale *MRO* (Mars Reconnaissance Orbiter) a mis 7 mois pour atteindre la planète rouge. Elle a pris de nombreuses photos de Mars grâce à une caméra ultra-puissante.

Pourquoi le sol de la planète Mars est-il rouge ?

Réponse 1 : Parce qu'il est couvert de sauce tomate.

Réponse 2 : Parce qu'il est brûlant.

Réponse 3 : Parce qu'il est rouillé.

Qui suis-je ?

Le mont Olympus

MON ADRESSE :
Je suis situé sur la planète Mars, à côté de plusieurs autres volcans.

MA TAILLE :
Je mesure plus de 26 km de haut et 600 km de diamètre, ce qui est énorme ! À côté de moi, l'Everest (la plus grande montagne sur Terre) paraîtrait tout petit avec ses 8 km de haut.

MES SIGNES PARTICULIERS :
Je ne suis peut-être pas très impressionnant vu de loin, mais je suis le plus grand volcan connu à ce jour dans le système solaire. Je suis tellement grand que si on me ramenait sur Terre, je recouvrirais presque toute la France !

Le sol de la planète Mars est rouge parce qu'il est rouillé.

Les astronomes l'appellent la « planète rouge ». Quand on l'observe à l'œil nu, Mars ressemble à une grosse étoile rouge.

Un sol tout rouillé

Du sol jusqu'au ciel, tout est rouge sur Mars ! Mais ce n'est pas parce qu'il y fait très chaud. Au contraire, il fait beaucoup plus froid sur cette planète que sur la nôtre : la nuit, la température de l'air peut descendre jusqu'à - 140 °C alors qu'il fait - 20 °C dans un congélateur ! Si tout est rouge sur Mars, c'est parce que le sol contient de la rouille en très grande quantité. À chaque fois qu'il y a une tempête, des tonnes de poussières se soulèvent dans l'air et recouvrent la planète d'une jolie couleur rouge.

Avis de tempête !

Quel sale temps ! Il ne pleut jamais sur Mars, mais il y a souvent du givre et de fortes tempêtes. Alors que tout paraît calme, le vent peut se lever d'un coup. Une tornade commence ! Le souffle du vent entraîne alors avec lui des millions de petits grains de sable qui se soulèvent en tourbillonnant dans les airs. Ces cyclones de poussières sont moins puissants que les tornades qui existent sur Terre, mais ils montent parfois très haut dans le ciel. Les plus impressionnants mesurent facilement dix kilomètres de haut.

Tout est géant sur Mars. Les montagnes, les volcans... et même les tempêtes qui forment de gigantesques tourbillons de poussières.

On a découvert de la glace sur Mars. S'il faisait plus chaud et qu'elle pouvait fondre, l'eau pourrait recouvrir une grande partie de cette planète.

La vie sur Mars ?

De l'eau ! Voilà ce que les scientifiques cherchent sur Mars pour savoir s'il y a de la vie sur cette planète. En effet, il faut de l'eau pour que des plantes poussent et que la vie se développe comme elle s'est développée, il y a plus de trois milliards d'années, sur la Terre. Mais on n'a encore trouvé aucune rivière, ni aucune mer sur la planète rouge, qui ne serait qu'un immense désert, froid et sec ! Les scientifiques ont cependant découvert des traces qui ressemblent à des rivières asséchées : de l'eau se serait peut-être écoulée il y a très longtemps sur Mars.

À quoi pourraient bien ressembler les habitants de la planète Mars ? Beaucoup de scientifiques ou d'écrivains ont imaginé l'existence de créatures vraiment bizarres qu'on appelle les « Martiens ».

Des planètes loin du Soleil

Jupiter, Uranus, Saturne et Neptune sont toutes situées très loin du Soleil. Ces planètes ressemblent à d'énormes boules de gaz colorées qui tournent dans l'espace. Les couches de nuages qui les entourent leur donnent de belles couleurs rouges, bleues ou jaunes. Elles sont vraiment très belles à observer ! Ces planètes sont composées de gaz, elles sont toutes légères. Il est impossible de marcher dessus. Et si, par exemple, on jetait Saturne dans un océan immense, on la verrait flotter sur l'eau comme un énorme ballon de toutes les couleurs.

Toutes les planètes gazeuses du système solaire ont des anneaux. Mais Saturne est la seule dont les anneaux sont visibles depuis la Terre.

Comment appelle-t-on parfois Uranus et Neptune ?

Réponse 1 : Les planètes sœurs.
Réponse 2 : Les planètes ennemies.
Réponse 3 : Les planètes amies.

Qui suis-je ?

Saturne

MON ADRESSE :
Je vis dans le système solaire. Je suis la sixième planète en partant du Soleil. Je suis aussi la planète la plus éloignée de la Terre que l'on puisse voir à l'œil nu.

MA TAILLE :
Je suis la deuxième plus grosse planète du système solaire après Jupiter. Mon diamètre est presque dix fois plus grand que celui de la Terre : il mesure 121 000 km.

MES SIGNES PARTICULIERS :
Vue de la Terre, je suis la plus jolie de toutes les planètes. Je suis entourée de plusieurs milliers d'anneaux très brillants. Ils sont constitués de morceaux de glace et de roches, qui tournent à toute vitesse autour de moi.

On appelle parfois Uranus et Neptune les planètes sœurs.

Uranus et Neptune, les planètes bleues

Comme elles sont belles ! Uranus et Neptune ont une jolie couleur bleue due à la présence d'un gaz, qu'on appelle le méthane, dans leur atmosphère. Ces planètes sont aussi toutes les deux de la même taille. Elles sont à peu près quatre fois plus grandes que la Terre. Mais Uranus se trouve à plus de trois milliards de kilomètres du Soleil et Neptune à plus de quatre milliards et demi de kilomètres. Elles sont si loin de nous qu'on sait encore peu de choses sur elles.

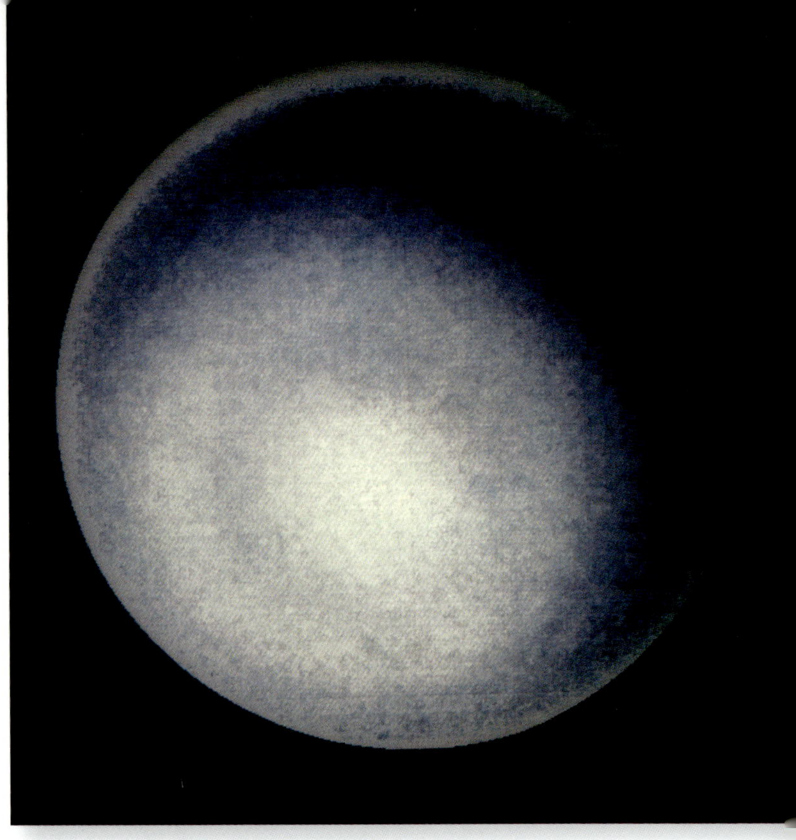

Uranus (sur la photo) et Neptune sont si loin de la Terre qu'elles ont été découvertes assez tard par les astronomes. Uranus a été découverte en 1781, et Neptune en 1846.

Tempête sur Jupiter !

Sur Jupiter, il fait froid et des vents violents balaient le ciel. Mais quelle est cette grande tache rouge qui se trouve au sud de cette planète ? Les photographies prises par les sondes spatiales *Voyager* montrent qu'il s'agit d'une gigantesque tempête, avec des vents violents qui tourbillonnent à plus de 500 kilomètres-heure. Ce cyclone a été observé pour la première fois en 1665. Mais il n'a toujours pas disparu alors que les tempêtes de ce genre ne durent pas plus de quelques dizaines de jours sur Terre.

Jupiter est la plus grosse planète du système solaire. Elle est 1300 fois plus grosse que la Terre ! On l'appelle la « géante gazeuse ».

Depuis la Terre, il est impossible d'observer Neptune à l'œil nu. On ne peut la voir qu'avec une bonne paire de jumelles, une lunette ou un télescope.

Neptune, la planète mystérieuse

Neptune est si loin du Soleil qu'on ne savait pratiquement rien d'elle jusqu'à ce que la sonde *Voyager 2* puisse la survoler en 1989. Ce petit vaisseau a photographié les quatre anneaux qui l'entourent. Ils sont composés de glace, de poussières et de roches, exactement comme ceux de Saturne. On sait aussi aujourd'hui que cette planète est la plus froide du système solaire. Brrrr… Le thermomètre peut descendre jusqu'à - 210 °C à sa surface, ce qui est vraiment très froid quand on sait que l'eau gèle à 0 °C.

Pluton a longtemps été considérée comme la planète la plus éloignée du Soleil, dans notre système solaire. Elle est très petite et possède au moins trois satellites. Les scientifiques la classent aujourd'hui parmi les « planètes naines ».

D'une lune à l'autre

Presque toutes les planètes de notre système solaire ont des lunes : on les appelle des « satellites ». Ce sont des objets de l'espace qui tournent autour d'une planète. La Terre n'a qu'une seule lune, Mars n'en a que deux. Mais certaines planètes en ont beaucoup plus. Jupiter possède au moins soixante-trois satellites connus des astronomes, sans compter tous ceux qui n'ont pas encore été découverts. Quelle pagaille ! Les scientifiques pensent que la plupart des lunes de Jupiter ressembleraient à des gros rochers retenus prisonniers par cette énorme planète qui les attire vers elle comme un aimant.

Les quatre plus gros satellites de Jupiter sont Io, Europe, Ganymède et Callisto.

La Lune provoque des marées :

Réponse 1 : En faisant trembler la Terre.
Réponse 2 : En changeant la température de la Terre.
Réponse 3 : En attirant l'eau des océans situés sur la Terre.

Qui suis-je ?

La Lune

MON ADRESSE :
Je suis située à environ 384 000 km de la Terre.

MA TAILLE :
Je mesure environ 3 400 km de diamètre et je suis quatre fois plus petite que la Terre.

MON ÂGE :
Personne ne connaît mon âge exact. Mais les scientifiques pensent que je suis née il y a environ 4 milliards d'années des suites d'un choc entre la Terre et un rocher géant.

MES SIGNES PARTICULIERS :
J'ai inspiré toutes sortes de croyances aux hommes. Les Chinois et les Mexicains pensaient que j'étais habitée par un lièvre, alors que les Français ont imaginé qu'un homme portant un sac de bois vivait sur mon sol.

La Lune est si près de la Terre qu'elle attire l'eau des océans et provoque des marées. Deux fois par jour, le niveau de la mer monte et descend le long des côtes.

La Lune provoque des marées en attirant l'eau des océans situés sur la Terre.

Elle tourne

Immobile, la Lune ? Pas du tout, elle bouge tout le temps ! Elle met en moyenne vingt-sept jours pour faire le tour de la Terre. Elle la suit dans sa course autour du Soleil, en même temps qu'elle fait un tour sur elle-même. C'est pour cette raison que depuis la Terre, on voit toujours le même côté de la Lune. Mais comment est l'autre côté que nous ne voyons jamais ? Impossible de le savoir en l'observant depuis notre planète. On l'appelle la « face cachée » de la Lune. Mystère !

La Lune ne change pas de forme. Mais chaque fois qu'elle change de position, elle est éclairée un petit peu ou en totalité par le Soleil. On la voit alors en forme de croissant ou toute ronde.

Quel voyage !

La Lune a tellement intéressé les astronomes qu'ils ont réussi à l'observer de plus en plus près, jusqu'à ce qu'ils envoient des hommes dessus ! En 1959, un vaisseau russe a photographié la face cachée de la Lune et, dix ans plus tard, un homme a marché sur le sol lunaire ! Le 21 juillet 1969, l'astronaute américain Neil Armstrong posait le pied sur la Lune tout en prononçant ces mots célèbres : « Un petit pas pour l'homme, un grand pas pour l'humanité ».

Il n'y a jamais de vent ni de pluie sur la Lune. Les traces de pas laissées par les astronautes ne s'effaceront pas avant 2 millions d'années.

Un monde invivable

Il est impossible de vivre sur la Lune. Il y fait aussi chaud que dans un four et bien plus froid que dans un congélateur. Le thermomètre monte à plus de 115 °C le jour, et descend jusqu'à - 175 °C la nuit. Il n'y a pas non plus d'eau liquide, ni aucune trace de vie nulle part. Pas de forêts, pas de mers, pas de prairies. Un désert qui s'étend à perte de vue ! Mais surtout, il n'y a pas d'air pour respirer. Vivre là-bas serait très compliqué : aucun être humain ne peut survivre sur la Lune sans être équipé d'une combinaison spéciale.

Depuis la Terre, on peut observer les taches sombres de la Lune. On les appelle des « mers » mais ce sont des plaines remplies de lave refroidie. Les taches claires sont des chaînes de montagnes désertiques et des cratères.

Bizarre, bizarre !

Les comètes sont des boules de glace et de poussières qui circulent à toute allure dans l'espace. Il en existe plusieurs millions, mais nous n'avons pas toujours la chance de pouvoir les observer. Certaines s'approchent régulièrement du Soleil, tandis que d'autres ne passent qu'une seule fois. Elles sont composées d'un noyau de glace et d'une queue de gaz et de poussières qu'on appelle la « chevelure ». Celle-ci peut atteindre deux cents millions de kilomètres de long. Chaque fois qu'une comète s'approche du Soleil, elle fond un peu et rejette des gaz comme dans un feu d'artifice. Quel spectacle magnifique !

En 1985, un petit vaisseau a pu photographier pour la première fois la comète de Halley. Les astronomes ont alors découvert que d'énormes fontaines de gaz s'échappaient du cœur de la comète.

Qu'est-ce qu'une étoile filante ?

Réponse 1 : Une étoile qui explose.

Réponse 2 : Une étoile qui se déplace dans le ciel.

Réponse 3 : Ce n'est pas une étoile.

Qui suis-je ?

La comète de Halley

MON ÂGE :
Personne ne sait quand je suis née. Mais j'ai été observée pour la première fois dans le ciel il y a très longtemps. Les hommes parlaient déjà de moi 240 ans avant la naissance de Jésus-Christ !

MA TAILLE :
Mon noyau mesure environ 16 km de long et 8 km de large.

MES SIGNES PARTICULIERS :
Je suis la plus connue de toutes les comètes. On m'appelle la comète de Halley, en hommage à l'astronome Edmond Halley. C'est lui qui a découvert que je repasse près du Soleil tous les 76 ans. On peut donc m'observer... tous les 76 ans en moyenne. Si les astronomes ne se sont pas trompés dans leurs calculs, je serai visible depuis la Terre en 2062.

Une étoile filante n'est pas une étoile.

Chaque année, la Terre traverse des nuages de poussières laissés par des comètes. En s'approchant de l'atmosphère, ces poussières brûlent et provoquent des pluies d'étoiles filantes.

Des pluies d'étoiles

Il arrive que des petits morceaux de rochers se rapprochent de la Terre à la vitesse de 50 000 à 255 000 kilomètres-heure. Beaucoup plus vite qu'un vaisseau spatial ! Ce sont des météores, mais on les connaît mieux sous le nom d'« étoiles filantes ». Ces petits morceaux de rochers descendent si rapidement qu'ils s'enflamment en traversant l'air qui entoure notre planète. Depuis la Terre, on ne voit qu'un trait de lumière vive dans le ciel. Vite, il faut fermer les yeux et faire un vœu !

Au secours, une météorite !

Les météores qui n'ont pas été détruits au contact de l'air traversent l'atmosphère et s'écrasent sur la Terre. On les appelle des « météorites ». La majorité d'entre elles sont heureusement toutes petites et ne provoquent aucun dégât. Il tombe ainsi chaque année plusieurs milliers de tonnes de petits morceaux de roche venus de l'espace, sans même que l'on s'en aperçoive ! Mais si une grosse météorite tombait sur la Terre, l'explosion pourrait provoquer une véritable catastrophe.

Le cratère de Wolf Creek se trouve en Australie. C'est un énorme trou ! Il aurait été causé par la chute d'une météorite de 50 000 tonnes, tombée il y a plus de 300 000 ans.

Si on pouvait l'observer du dessus, on verrait comme un immense collier d'astéroïdes qui tourne autour du Soleil, entre Mars et Jupiter. Ce collier forme ce qu'on appelle la « ceinture d'astéroïdes ».

Des rochers dans l'espace

Les astronomes ont découvert une autre sorte de rochers dans l'espace, qui ne sont ni des météores, ni des comètes, mais des astéroïdes. Les astéroïdes sont des rochers qui tournent autour du Soleil. On les appelle aussi les « petites planètes ». Il en existe des centaines de millions ! Certains sont aussi petits qu'une balle de tennis, alors que d'autres sont aussi gros que des montagnes. Le plus gros astéroïde découvert à ce jour s'appelle Cérès. S'il tombait du ciel, il recouvrirait une surface grande comme la France !

En 1989, la sonde *Galiléo* a été envoyée dans l'espace. Elle a traversé la ceinture d'astéroïdes sans problème. Normal, il peut y avoir plusieurs milliers de kilomètres entre deux astéroïdes !

Observer le ciel

On peut voir des milliers d'étoiles en regardant le ciel à l'œil nu. Mais il en existe des centaines de milliards. Trop petites, trop loin… il est impossible de les voir sans l'aide d'un appareil très perfectionné. Les hommes ont toujours observé les étoiles pour se repérer dans le temps et dans l'espace. Cette science s'appelle l'« astronomie ». Mais les premiers instruments astronomiques, comme la lunette ou le télescope, n'ont été inventés que très tard. Alors que les hommes préhistoriques observaient le ciel avec des pierres et des bâtons, les scientifiques fabriquent aujourd'hui des instruments qui permettent de voir de plus en plus loin.

L'un des plus vieux observatoires astronomiques du monde se trouve au Mexique, à Chichén Itzá. Cette construction permettait aux Mayas de surveiller les mouvements des étoiles et des planètes.

Combien d'étoiles peut-on voir en observant le ciel à l'œil nu ?

Réponse 1 : Plus de 4 000.

Réponse 2 : Plus de 450 000.

Réponse 3 : Plus de 4 500 000.

Qui suis-je ?

Galilée

MON ÂGE :
Je suis né le 15 février 1564 à Pise, en Italie, et mort le 9 janvier 1642.

MON MÉTIER :
Je suis un célèbre astronome italien.

MES SIGNES PARTICULIERS :
En 1610, j'ai fabriqué la lunette astronomique. Cet instrument m'a permis de voir dans le ciel des choses que personne n'avait jamais vues avant moi : j'ai trouvé les 4 principaux satellites de Jupiter, et prouvé que la Terre tournait autour du Soleil. Cette découverte signifiait que, contrairement à ce que la plupart des hommes pensaient à mon époque, la Terre n'est pas le centre de l'univers.

Par temps clair, on peut voir plus de 4 000 étoiles à l'œil nu.

Voir les étoiles à la loupe

Mars, Vénus, Mercure et Jupiter ont été découvertes par les premiers hommes. Facile, puisqu'on peut les voir à l'œil nu ! Les scientifiques observent aujourd'hui le ciel avec des télescopes qui captent des lumières de plus en plus faibles grâce à des grands miroirs. Résultat ? On découvre des étoiles, des astéroïdes, des galaxies ou des planètes situés de plus en plus loin de la Terre. Les télescopes modernes peuvent capter des images d'objets situés à une dizaine de milliards d'années-lumière de notre planète.

Les plus grands télescopes du monde ont été installés en haut d'un volcan endormi, le Manau Kea, sur l'île d'Hawaï. L'air y est plus clair qu'ailleurs, ce qui permet de mieux observer le ciel.

Lors de sa première mission, le télescope *Hubble* n'y voyait rien. Il était myope suite à des problèmes techniques. Il a fallu envoyer des astronautes dans l'espace pour le réparer.

Des espions dans l'espace

Pour voir les planètes de plus près, les astronomes envoient des instruments dans l'espace. *Hubble* est le plus célèbre télescope spatial. C'est une énorme machine qui pèse environ onze tonnes et mesure plus de treize mètres de long. Ce drôle d'espion flotte à 600 kilomètres au-dessus de la Terre depuis le 24 avril 1990. Il fait le tour de notre planète en 90 minutes. Il prend des photos et envoie des informations aux scientifiques qui le pilotent depuis la Terre. *Hubble* a déjà détecté des objets situés à… douze milliards d'années-lumière de nous !

Hubble est le premier télescope spatial. Il porte le nom d'un célèbre astronome américain qui s'appelait Edwin Powell Hubble.

Des oreilles tournées vers le ciel

Allô, l'espace ? Ici, la Terre… Les radiotélescopes sont des antennes qui fonctionnent un peu comme d'énormes micros tournés vers le ciel. On les utilise surtout pour enregistrer les sons en provenance des étoiles. En réalité, les bruits qu'ils captent ne sont pas vraiment des sons, mais des ondes radio. Normal, puisque aucun bruit ne peut circuler dans l'espace ! Les ondes captées par les radiotélescopes permettent de savoir où se trouvent des objets situés très loin de la Terre.

Aux États-Unis, il existe un radiotélescope composé de 27 antennes. Chacune d'elle mesure 25 mètres de diamètre.

Des hommes dans l'espace

Dans l'espace, rien n'est comme sur notre planète ! Il est impossible de respirer parce qu'il n'y a pas d'air. Autour de la Terre, la température extérieure peut varier de + 150 °C à - 150 °C : il fait aussi chaud que dans un four et plus froid que dans un congélateur. Même dans un vaisseau spatial, tout flotte parce qu'on est trop loin de la Terre pour être attiré au sol. Impossible de tenir debout ! C'est ce qu'on appelle l'« impesanteur ». Les hommes qui voyagent dans l'espace sont des scientifiques, mais ils doivent aussi être en parfaite forme physique. On les appelle des « astronautes » aux États-Unis et en Europe, et des « cosmonautes » en Russie.

Pas question de voyager dans l'espace sans scaphandre ! Cette drôle de tenue est une sorte de vaisseau spatial portable, qui permet à l'astronaute de survivre pendant plus de 8 heures à l'extérieur de la station.

Quel est le premier être vivant envoyé dans l'espace ?

Réponse 1 : Un rat.
Réponse 2 : Un chien.
Réponse 3 : Un chat.

Qui suis-je ?

Iouri Gagarine

MON MÉTIER :
Je suis l'un des plus célèbres cosmonautes du monde.

MON ÂGE :
Je suis né le 9 mars 1934 en Russie. Et je suis mort le 27 mars 1968.

MA TAILLE :
Je ne mesurais que 1,58 m à l'âge adulte. Ma petite taille était un avantage pour voyager dans de bonnes conditions dans la navette spatiale.

MES SIGNES PARTICULIERS :
J'ai décollé le 12 avril 1961 à bord de la navette spatiale *Vostok 1*. J'ai volé pendant près de 2 heures autour de la Terre, et je suis redescendu après avoir sauté en parachute. Comme c'était la première fois qu'un homme voyageait dans l'espace, mon exploit a fait le tour du monde !

Le premier être vivant envoyé dans l'espace est un chien.

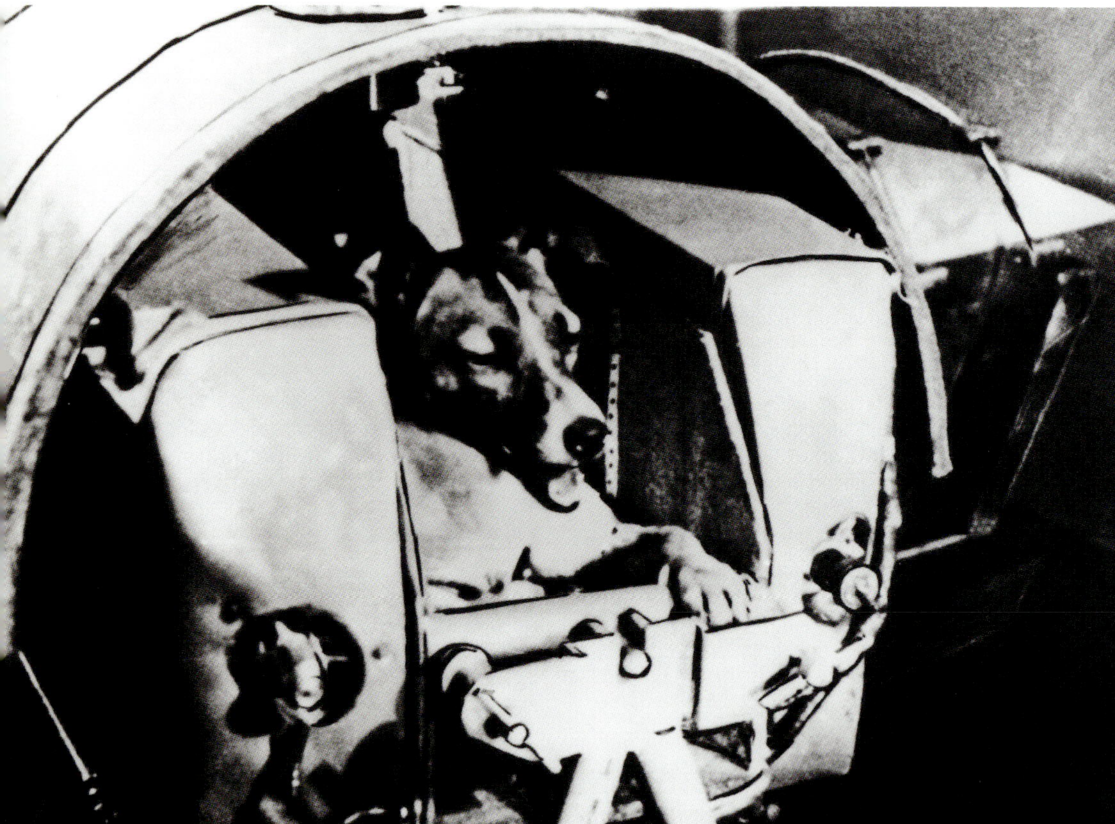

Avant son décollage à bord du *Spoutnik 2*, la chienne Laïka a été préparée au vol par toute une équipe de spécialistes.

Les premiers essais

Est-il possible de survivre à bord d'une navette spatiale ? Pour le savoir, les hommes ont envoyé des animaux dans l'espace avant d'envoyer des astronautes. En 1957, la petite chienne Laïka a fait plusieurs fois le tour de la Terre à bord d'une fusée. Elle est morte dans son vaisseau. Mais quelques années plus tard, deux autres chiens, des rats et des souris ont embarqué pour un nouveau voyage. Ils ont fait dix-huit fois le tour de la Terre et sont revenus en parfaite santé, prouvant qu'il était possible d'envoyer des hommes dans l'espace !

Un métier dangereux

Le métier d'astronaute est passionnant mais très dangereux. Avant de monter dans une fusée, les astronautes suivent des cours et subissent un entraînement très difficile pendant plusieurs années. Ils font du jogging et des abdominaux tous les jours. Mais ils apprennent aussi à réparer des machines sous l'eau, à vivre dans le froid ou à dormir attaché. Une fois à bord de la fusée, les astronautes doivent résister au stress, à l'impesanteur, au vertige, à la violence du décollage et à l'enfermement. Pas facile d'être un héros !

Les astronautes doivent savoir bouger en flottant dans les airs. Ils s'entraînent sous l'eau ou dans des avions qui volent d'une certaine façon.

Les astronautes qui travaillent dans la Station spatiale internationale peuvent voir notre planète depuis les fenêtres de leur bureau. Ils y vivent plusieurs semaines avant de redescendre sur Terre.

Dans la station spatiale, les astronautes se lavent avec des lingettes, mangent des repas en sachets et dorment dans un sac de couchage fixé au mur. Dès qu'ils sont détachés, ils flottent !

Travailler dans l'espace

Les astronautes qui travaillent dans l'espace ont un drôle de bureau. Ils vivent dans une station spatiale qui flotte au-dessus des nuages, à plus de 300 kilomètres de la Terre. Depuis 1971, dix stations spatiales ont déjà été mises en place au-dessus de la Terre. La Station spatiale internationale est la plus grande de toutes. Sa construction a démarré en 1998, et elle est habitée en permanence par deux ou trois astronautes depuis novembre 2000. Quand elle sera terminée en 2010, elle sera aussi grande qu'un terrain de football.

Explorer l'univers

Quelle découverte ! En octobre 1995, deux scientifiques suisses ont trouvé une planète située en dehors du système solaire. Il s'agit d'une énorme planète gazeuse qui tourne autour d'une étoile, exactement comme la Terre autour du Soleil. Cette découverte signifie qu'il existe peut-être des centaines de milliards de systèmes solaires comme le nôtre ! On appelle toutes ces planètes situées en dehors du système solaire des « exoplanètes ». On en a déjà dénombré plus de trois cent vingt depuis 1995. Mais la plupart des exoplanètes que l'on connaît sont énormes. Les petites planètes dont la taille se rapproche de celle de la Terre sont actuellement plus difficiles à détecter.

L'exoplanète HD189733b a été découverte en 2005. Mais elle est beaucoup trop loin de la Terre pour être observée au télescope. Elle a été trouvée par hasard, au moment où elle passait devant son étoile.

Comment les astronomes pensent-ils découvrir de nouvelles planètes ?

Réponse 1 : En envoyant des télescopes dans l'espace.

Réponse 2 : En fabriquant des fusées super-puissantes.

Réponse 3 : En installant une station spatiale sur Vénus.

Qui suis-je ?

La planète Gliese 581c

MA TAILLE :
Je suis une fois et demie plus grosse que la Terre.

MON ADRESSE :
Je tourne autour de l'étoile Gliese 581, située à plus de 20 années-lumière de la Terre.

MES SIGNES PARTICULIERS :
J'ai été découverte en avril 2007 par une équipe d'astronomes. Comme je me trouve ni trop loin ni trop près de « mon » étoile, Gliese 581, les scientifiques pensent que ma température pourrait varier entre 0 °C et 40 °C. Cela signifie qu'il y aurait peut-être de l'eau liquide à ma surface. Je suis actuellement la planète qui ressemble le plus à la Terre, et peut-être existe-t-il une vie extraterrestre sur mon sol.

Les astronomes pensent découvrir de nouvelles planètes en envoyant des télescopes dans l'espace.

Les astronomes mènent l'enquête

Pour continuer à explorer l'univers, les astronomes envoient des télescopes et des sondes spatiales équipées de caméras et autres instruments dans l'espace. Leur objectif ? Observer de près tout ce qu'il y a à voir dans le système solaire. Planètes, satellites, comètes, astéroïdes… tout ce qu'il est possible d'approcher a été étudié. Seule Pluton n'a pas encore été visitée. Mais la sonde spatiale *New Horizon* a été lancée en 2006, dans le but de l'observer. Elle devrait l'atteindre en… 2015.

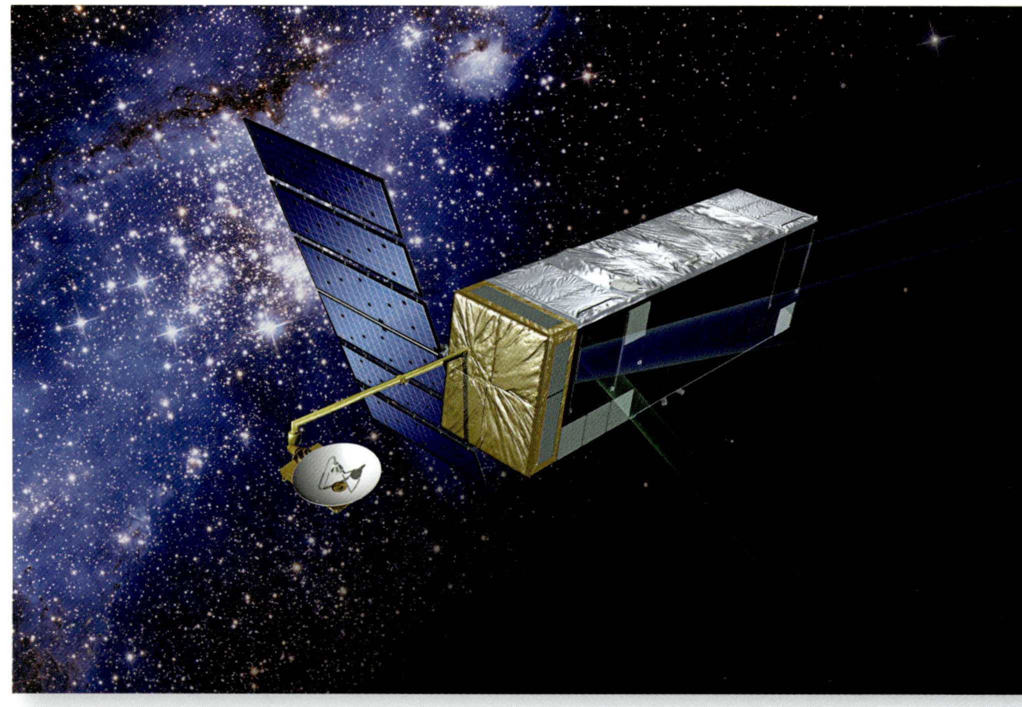

Le satellite *SIM* est constitué de 7 petits télescopes ultramodernes. Il peut détecter le mouvement des grosses exoplanètes situées jusqu'à 500 années-lumière de la Terre.

Le mystère des trous noirs

Une étoile disparaît brutalement… aspirée par un immense trou noir ! Où est-elle passée ? Qu'est-elle devenue ? Impossible de le savoir. Les trous noirs figurent actuellement parmi les plus grands mystères de l'astronomie. Ils sont invisibles dans l'espace. Les scientifiques savent qu'ils existent, mais ils n'ont encore pas réussi à les étudier. On sait juste que tout ce qui passe trop près d'un trou noir est aspiré et compressé. Si la Terre entrait dans un trou noir, elle pourrait devenir aussi petite qu'une bille !

Les scientifiques pensent aujourd'hui que l'explosion d'une très grosse étoile peut entraîner la formation d'un trou noir. Le cadavre de l'étoile crée une espèce de puits sans fond.

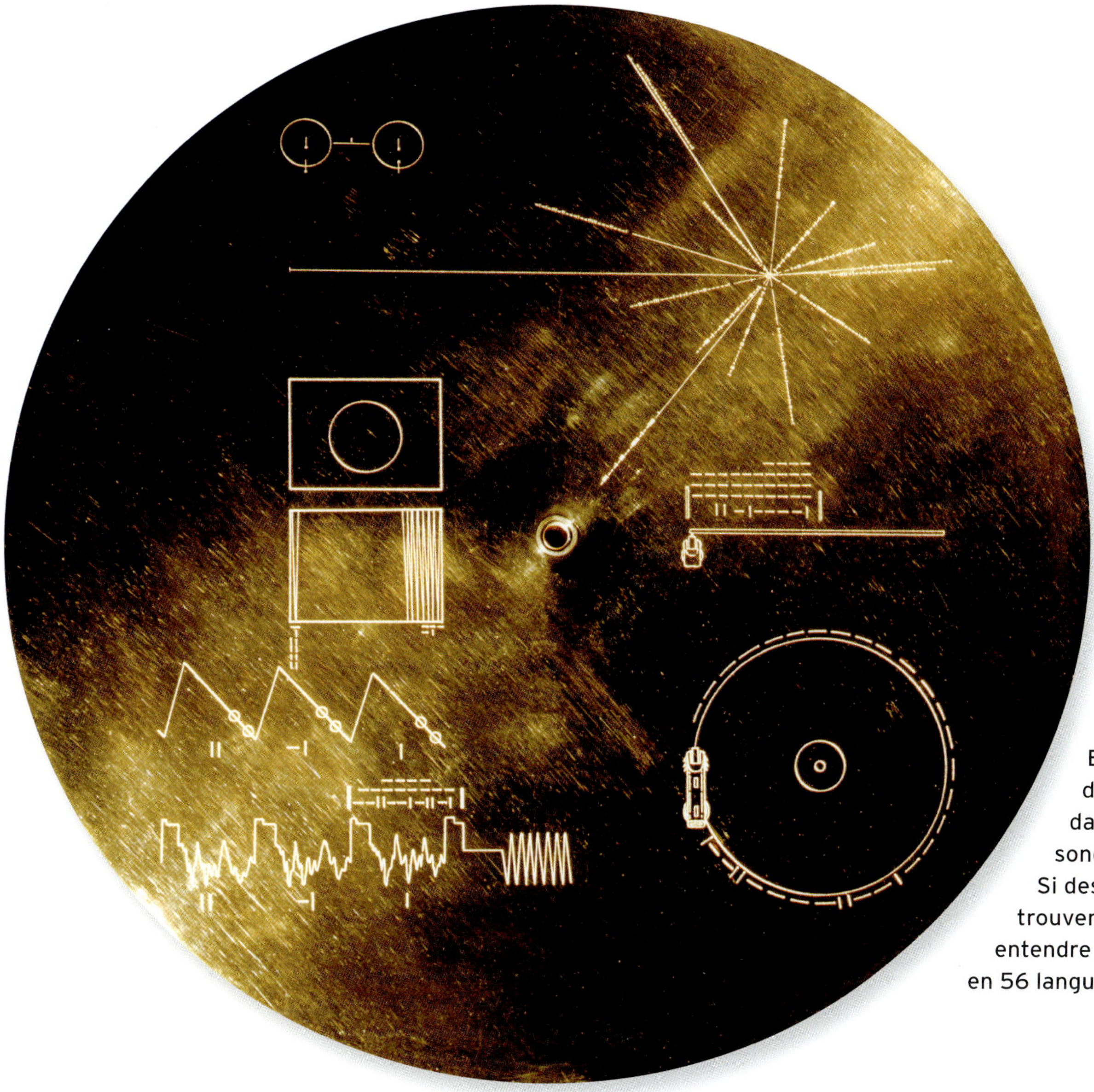

En 1979 et en 1981, des disques ont été envoyés dans l'espace à bord des sondes spatiales *Voyager*. Si des extraterrestres les trouvent, ils pourront peut-être entendre un message enregistré en 56 langues.

Une vie extraterrestre ?

Plusieurs sondes ont été envoyées sur Mars pour y chercher des traces de vie… Sans succès ! Aucun Martien n'a été découvert sur la planète rouge. Mais peut-être existe-t-il des êtres vivants sur une autre planète. Où vivent-ils ? Comment sont-ils ? Les scientifiques utilisent des radiotélescopes pour essayer de capter des « voix » extraterrestres. Ils ont aussi envoyé plusieurs messages gravés sur des disques installés à bord de petits vaisseaux spatiaux. Personne n'a répondu jusqu'à maintenant. Mais peut-être un jour… Qui sait ?

Quelle drôle de tête ! E.T. l'extraterrestre est le héros sympathique d'un célèbre film américain imaginé par Steven Spielberg.

Grand quiz de l'espace

Qu'est-ce qu'une galaxie ? Où se trouve la Terre dans le système solaire ? Qui sont Iouri Gagarine et Galilée ? Comment travaillent les astronautes ? Les étoiles et les planètes t'ont raconté tous leurs secrets. Les voici qui te posent quelques questions. À toi de trouver les bonnes réponses ! Et quand tu ne sais pas, cherche dans ton livre ! *

UN MONDE SANS FIN

Une nébuleuse est :

Réponse 1 : Un nuage d'étoiles.
Réponse 2 : Un nuage de gaz et de poussières.
Réponse 3 : Un nuage de galaxies.

Combien d'étoiles y a-t-il dans la Voie lactée ?

Réponse 1 : Plus de 2 milliards.
Réponse 2 : Plus de 20 milliards.
Réponse 3 : Plus de 200 milliards.

À quoi ressemble une galaxie elliptique ?

Réponse 1 : À un ballon de rugby.
Réponse 2 : À un escargot.
Réponse 3 : À un cornichon.

UN CIEL PLEIN D'ÉTOILES

Quelle est l'origine du mot « planète » ?

Réponse 1 : *Planêtês* qui veut dire « vagabond » en grec.
Réponse 2 : *Planêtês* qui veut dire « géant » en grec.
Réponse 3 : *Planêtês* qui veut dire « loin » en grec.

Quand l'étoile Polaire est-elle née ?

Réponse 1 : Il y a 5 ans.
Réponse 2 : Il y a 5 000 ans.
Réponse 3 : Il y a 5 milliards d'années.

Il existe trois types d'étoiles :

Réponse 1 : Les bleues, les jaunes et les rouges.
Réponse 2 : Les bleues, les vertes et les rouges.
Réponse 3 : Les jaunes, les blanches et les rouges.

* Tu trouveras les solutions p. 58.

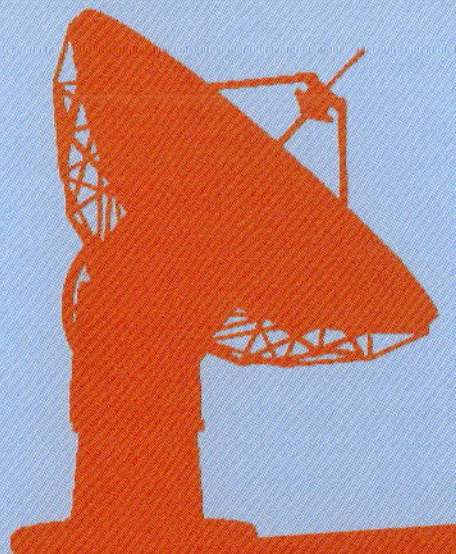

AUTOUR DU SOLEIL

Le Soleil avance :

Réponse 1 : À la vitesse d'un escargot.
Réponse 2 : À la vitesse d'une mobylette.
Réponse 3 : Plus vite qu'une voiture de course.

Combien y a-t-il de planètes dans le système solaire ?

Réponse 1 : Sept.
Réponse 2 : Huit.
Réponse 3 : Neuf.

Le Soleil a déjà vécu :

Réponse 1 : La moitié de sa vie.
Réponse 2 : Le plus beau jour de sa vie.
Réponse 3 : Les trois quarts de sa vie.

LA TERRE, MERCURE ET VÉNUS

La Terre, Mercure et Vénus sont :

Réponse 1 : Des planètes poreuses.
Réponse 2 : Des planètes gazeuses.
Réponse 3 : Des planètes rocheuses.

Pourquoi le sol de Mercure est-il tout troué ?

Réponse 1 : Parce qu'il y a des lacs acides brûlants.
Réponse 2 : Parce qu'il n'y a pas d'air pour freiner les chutes de pierres.
Réponse 3 : Parce que le sol est fin comme du papier à lettres.

Quel est l'autre nom de Vénus ?

Réponse 1 : L'étoile empoisonnée.
Réponse 2 : L'étoile maudite.
Réponse 3 : L'étoile du berger.

MARS, LA PLANÈTE ROUGE

Quelle est la particularité du mont Olympus ?

Réponse 1 : C'est le plus grand volcan du système solaire.
Réponse 2 : C'est un volcan en éruption constante.
Réponse 3 : C'est le seul volcan de la planète Mars.

Quelle température fait-il la nuit sur Mars ?

Réponse 1 : 0 °C.
Réponse 2 : – 50 °C.
Réponse 3 : – 140 °C.

Depuis 1960, les hommes ont envoyé sur Mars :

Réponse 1 : Deux vaisseaux.
Réponse 2 : Plus de quarante vaisseaux.
Réponse 3 : Trois astronautes.

DES PLANÈTES LOIN DU SOLEIL

Les anneaux de Saturne sont constitués :

Réponse 1 : De glace.
Réponse 2 : De sucre glace.
Réponse 3 : De roches et de glace.

Uranus et Neptune sont toutes bleues :

Réponse 1 : Parce qu'elles sont pleines d'eau.
Réponse 2 : Parce qu'il y a du méthane dans leur atmosphère.
Réponse 3 : Parce qu'elles sont toutes gelées.

Pluton est :

Réponse 1 : Une « planète saine ».
Réponse 2 : Une « planète naine ».
Réponse 3 : Une « planète reine ».

D'UNE LUNE À L'AUTRE

Combien de lunes y a-t-il autour de Mars ?

Réponse 1 : Une.
Réponse 2 : Deux.
Réponse 3 : Dix-huit.

En quelle année l'homme a-t-il marché sur la Lune ?

Réponse 1 : En 1969.
Réponse 2 : Jamais.
Réponse 3 : En 1980.

Y a-t-il de l'eau sur la Lune ?

Réponse 1 : Oui.
Réponse 2 : Non.
Réponse 3 : On ne sait pas.

BIZARRE, BIZARRE !

Une comète est :

Réponse 1 : Une boule de gaz et de poussières.
Réponse 2 : Un énorme rocher dans l'espace.
Réponse 3 : Une étoile minuscule.

La comète de Halley fait le tour du Soleil :

Réponse 1 : En 10 jours.
Réponse 2 : En 15 ans.
Réponse 3 : En 76 ans.

Cérès est :

Réponse 1 : Le plus gros astéroïde connu.
Réponse 2 : Le plus petit astéroïde connu.
Réponse 3 : Le plus gros astéroïde tombé sur la Terre.

OBSERVER LE CIEL

Galilée est un astronome célèbre :

Réponse 1 : Pour avoir découvert la planète Mars.

Réponse 2 : Parce qu'il est devenu astronome à l'âge de 10 ans.

Réponse 3 : Pour avoir fabriqué la lunette astronomique.

Les plus grands télescopes du monde sont installés :

Réponse 1 : Sur une île au milieu de l'océan.

Réponse 2 : En haut d'un volcan endormi.

Réponse 3 : Au sommet d'une montagne.

Le télescope *Hubble* porte le nom :

Réponse 1 : D'un astronome américain.

Réponse 2 : D'une galaxie lointaine.

Réponse 3 : D'une étoile lointaine.

DES HOMMES DANS L'ESPACE

Iouri Gagarine est un célèbre cosmonaute :

Réponse 1 : Parce qu'il est le premier à avoir marché sur la Lune.

Réponse 2 : Parce qu'il est le premier à avoir voyagé dans l'espace.

Réponse 3 : Parce qu'il est l'inventeur du premier vaisseau spatial.

La Station spatiale internationale se trouve :

Réponse 1 : À plus de 300 kilomètres au-dessus de la Terre.

Réponse 2 : À plus de 300 kilomètres au-dessus de la Lune.

Réponse 3 : À plus de 300 kilomètres au-dessus de Mars.

Dans une station spatiale, les astronautes dorment :

Réponse 1 : Dans un sac de couchage attaché au mur.

Réponse 2 : Dans un tout petit sac de couchage.

Réponse 3 : Dans un sac de couchage glacé.

EXPLORER L'UNIVERS

En octobre 1995, deux scientifiques suisses ont découvert :

Réponse 1 : Une exoplanète.

Réponse 2 : Une planète géante.

Réponse 3 : Une planète minuscule.

La planète Gliese 581c :

Réponse 1 : Va bientôt exploser.

Réponse 2 : N'existe pas.

Réponse 3 : Ressemble à la Terre.

L'explosion d'une grosse étoile peut entraîner :

Réponse 1 : L'apparition d'une gigantesque tempête.

Réponse 2 : La formation d'un trou noir.

Réponse 3 : La création d'une boule de feu.

Réponses au quiz

Un monde sans fin

Une nébuleuse est un nuage de gaz et de poussières.

Il y a plus de 200 milliards d'étoiles dans la Voie lactée.

Une galaxie elliptique ressemble à un ballon de rugby.

Un ciel plein d'étoiles

Le mot « planète » vient de *Planêtês* qui veut dire « vagabond » en grec.

L'étoile Polaire est née il y a 5 milliards d'années.

Il existe des étoiles bleues, jaunes et rouges.

Autour du Soleil

Le Soleil avance plus vite qu'une voiture de course.

Il y a huit planètes dans le système solaire.

Le Soleil a déjà vécu la moitié de sa vie.

La Terre, Mercure et Vénus

La Terre, Mercure et Vénus sont des planètes rocheuses.

Le sol de Mercure est tout troué parce qu'il n'y a pas d'air pour freiner les chutes de pierres.

L'autre nom de Vénus est l'étoile du berger.

Mars, la planète rouge

Le mont Olympus est le plus grand volcan du système solaire.

Il peut faire – 140 °C la nuit sur Mars.

Depuis 1960, les hommes ont envoyé sur Mars plus de quarante vaisseaux.

Des planètes loin du Soleil

Les anneaux de Saturne sont constitués de roche et de glace.

Uranus et Neptune sont toutes bleues parce qu'il y a du méthane dans leur atmosphère.

Pluton est une « planète naine ».

D'une lune à l'autre

Il y a deux lunes autour de Mars.

L'homme a marché sur la Lune en 1969.

Il n'y a pas d'eau sur la Lune.

Bizarre, bizarre !

Une comète est une boule de gaz et de poussières.

La comète de Halley fait le tour du Soleil en 76 ans.

Cérès est le plus gros astéroïde connu à ce jour.

Observer le ciel

Galilée est un astronome célèbre pour avoir fabriqué la lunette astronomique.

Les plus grands télescopes du monde sont installés en haut d'un volcan endormi.

Le télescope *Hubble* porte le nom d'un astronome américain.

Des hommes dans l'espace

Iouri Gagarine est un célèbre cosmonaute parce qu'il est le premier à avoir voyagé dans l'espace.

La Station spatiale internationale se trouve à plus de 300 kilomètres au-dessus de la Terre.

Dans une station spatiale, les astronautes dorment dans un sac de couchage attaché au mur.

Explorer l'univers

En octobre 1995, deux scientifiques suisses ont découvert une exoplanète.

La planète Gliese 581 c ressemble à la Terre.

L'explosion d'une grosse étoile entraîne la formation d'un trou noir.

Petit vocabulaire scientifique

• Année-lumière
Distance parcourue par la lumière en une année, soit 9 460 milliards de kilomètres.

• Astéroïde
Sorte de rocher de l'espace. Il en existe plusieurs centaines de milliers qui circulent entre Mars et Jupiter. Ils forment ce qu'on appelle la « ceinture d'astéroïdes ».

• Astronomie
Science qui étudie l'espace et tout ce qu'il contient (planètes, étoiles, galaxies, comètes, astéroïdes, trous noirs…).

• Big bang
« Explosion » qui aurait donné naissance à l'univers il y a plus de 13 milliards d'années.

• Comète
Objet de l'espace essentiellement composé de glace et de poussières.

• Constellation
Regroupement d'étoiles dans le ciel. Les hommes en ont compté 88. Les plus connues sont la Grande Ourse, Cassiopée et la Petite Ourse.

• Étoile
Énorme boule de gaz brûlant. L'étoile la plus connue et la plus proche de la Terre est le Soleil. Mais il existe un nombre infini d'étoiles dans l'espace.

• Exoplanète
Planète située en dehors du système solaire.

• Galaxie
Énorme ensemble d'étoiles et de nébuleuses. La Terre se trouve dans la galaxie de la Voie lactée. Mais il existe des milliards d'autres galaxies dans l'espace.

• Lune
Satellite de la Terre. Mais on appelle aussi « lune » tous les satellites des autres planètes.

• Météore
Morceau de roche qui brûle au contact de l'air qui entoure la Terre. On l'appelle aussi une « étoile filante ».

• Météorite
Météore qui tombe sur la Terre sans s'être entièrement consumé au contact de l'air.

• Nébuleuse
Nuage de gaz et de poussières qui circule entre les étoiles.

• Planète
Objet de l'espace de forme ronde, qui tourne autour d'une étoile. Il existe des planètes gazeuses, composées de gaz, ou telluriques, composées de roches.

• Satellite
Objet de l'espace qui tourne autour d'un autre objet plus gros que lui. La Lune est le seul satellite de la Terre.

• Soleil
Étoile la plus proche de la Terre. Elle se trouve seulement à 150 millions de kilomètres de nous.

• Sonde
Petit vaisseau spatial dans lequel il n'y a pas d'astronaute.

• Système solaire
Ensemble de huit planètes (la Terre, Vénus, Mars, Jupiter, Neptune, Saturne, Mercure et Uranus), de planètes naines (les plutoïdes), de satellites, de comètes et d'astéroïdes, qui tournent autour du Soleil.

• Télescope
Instrument utilisé par les astronomes pour observer des objets de l'espace (étoiles, planètes, astéroïdes, comètes…). Il existe des télescopes qu'on utilise sur Terre, et des télescopes envoyés directement dans l'espace.

Crédit photographique

© Biosphoto :

O. Sauzereau : page de titre (4 m), p. 43 (h), p. 21 (h), p. 24 (bd)

Qinetiq Ltd. / Still Pictures : page de titre (4 d), p. 23 (h), 4e de couv. R.-J. Wainscoat / Peter Arnold : page de titre (5 m), p. 39 (h), p. 44 (h)

L. Pacelli : page 11 (h)

Astrofoto / Peter Arnold : page 11 (b), p. 15 (h), p. 16 (b)

D. Fast / Visual and Written : page 20 (b)

J.-F. Souchard : page 21 (b)

D.-W. Hardin / Auscape : page 38

J.-P. Ferrero / Auscape : page 40 (b)

© BSIP :

F. Zullo : couverture, p. 10, p. 14, p. 17 (h)

J. Lodriguss : page 12 (h), p. 40 (h)

G. Lodriguss : page 15 (b)

STSCI / NASA : page 29 (h)

J. Chumack : page 31 (b)

Nasa/Science Source : page 49 (b)

© Corbis :

Masaaki Tanaka / amanaimages: page de titre (4 g), p. 35 (h)

D. Scott : pages 8-9

NASA / R. Ressmeyer : page 27 (b), p. 30

M. Fÿhrer / epa : page 28 (h)

W. Manning : page 35 (b)

G. Motil : page 36 (h)

Visuals Unlimited : page 36 (b)

R. Ressmeyer : page 39 (b)

NASA : page 49 (h)

© Gamma :

Blanche-Shone / Eyedea Presse : page 47 (b)

3609 / Eyedea Presse : page 48 (b)

© Jacana / Hoa-Qui / Explorer :

J. W. Warden / Age Fotostock / Eyedea Illustration : page 45

Galaxy Contact / Eyedea Illustration : page 46

© Keystone :

Mary Evans / Eyedea Presse : page 29 (b), p. 43 (b)

Keystone-France / Eyedea Presse : page 48 (h)

© NASA :

The Viking Project : page de titre (5 g), p. 27 (h)

NASA Headquarters - GReatest Images of NASA : page de titre (5 d), p. 47 (h), p. 13 (HST), p. 19 (b), p. 33 (h : The Voyager mission), p. 41 (b), p. 53 (h : Voyager 1 and 2)

ESA and the Hubble Heritage Team (STScI/AURA) : page 12 (bg et bd)

Digitized Sky Survey U.K. Schmidt Image/STScI : page 16 (h)

Jet Propulsion Laboratory : page 17 (b : HST), p. 25, p. 26 (The Mars Reconnaissance Orbiter Project), p. 28 (b : MGS MOC Release), p. 31 (h : The Cassini mission), p. 32 (h : The Voyager project et b : The Cassini mission), p. 33 (b : HST), p. 34 (The Galileo project), p. 37 (b), p. 50 (Spitzer Space Telescope mission), p. 52 (h : SIM PlanetQuest), p. 52 (b : Spitzer, HST & NASA's Chandra X-ray Observatory)

SOHO/ EIT (ESA & NASA) : page 18, p. 19 (h), p. 20 (h), 4e de couv.

Goddard Space Flight Center : page 23 (b)

Mariner 10 : page 24 (h)

ESA / Illustration by Medialab : page 24 (bg)

Kennedy Space Center : page 37 (h)

JPL-Caltech/T. Pyle (SSC) : page 41 (h)

Hubble Heritage Team (STScI/AURA) : page 44 (bg et bd)

JPL-Caltech/R. A. Gutermuth (Harvard-Smithsonian CfA) : page 51 (h)

© Rue des Archives :

E.T. L'Extra-Terrestre, 1982, Steven Spielberg, Universal Pictures / Suddeutsche Zeitung : page 53 (b)

© Science Photo Library :

M. Garlick : page 51 (b)

© Sunset

Japack : page 22

Rex Interstock : page 42

Dans la même collection

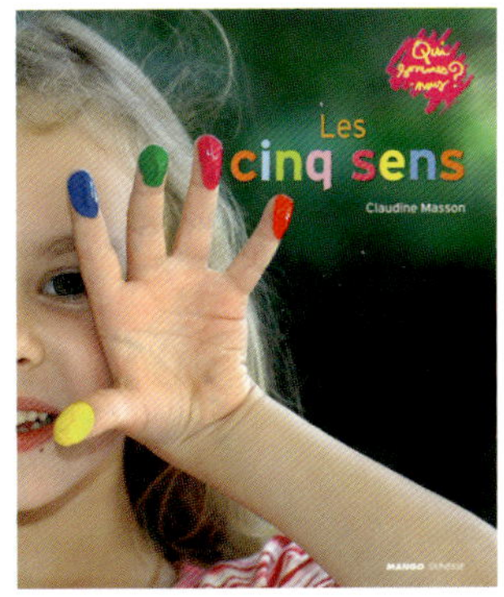

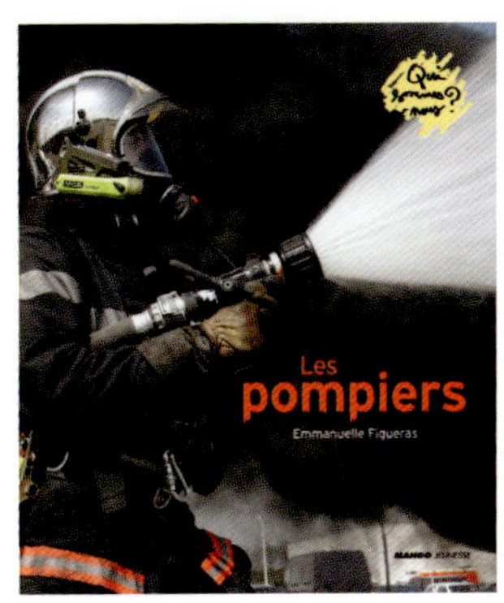

ALLES AUS dem Dampf

ALLES AUS

dem Dampf

Clever im Dämpfeinsatz gegart

Rezepte von Amelia Wasiliev

Fotos von Beatriz Da Costa

INHALT

Als ich heranwuchs, wurde mir immer gesagt, die einzige und beste Art, Gemüse zu kochen, sei das Dampfgaren. Heute bin ich selbst Mutter, und es hat mich interessiert, mehr darüber zu erfahren. Ich habe entdeckt, dass es in der Tat viele Vorzüge hat und dass man damit schnell und einfach schmackhafte Gerichte zubereiten kann. Dampfgaren oder Dämpfen bedeutet, dass die Nahrungsmittel im Dampf über ständig kochendem Wasser gegart werden. Dampfgaren ist zeit- und energiesparend (es erfordert nur eine Hitzequelle und nur einen Topf mit Dämpfeinsatz und bringt damit auch wenig Abwasch mit sich), gleichzeitig ist es eine äußerst sanfte und nährstofferhaltende Zubereitungsart. Die Nahrungsmittel kommen nie direkt mit Wasser in Kontakt, dampfgegartes Essen ist also immer schön feucht aber nicht ausgelaugt. Form, Farbe, Aroma und Nährstoffe bleiben erhalten, insbesondere auch die wasserlöslichen Vitamine und Mineralien, wie Vitamin B und C, Zink und Kalium. Gedämpftes Gemüse enthält ganze neunzig Prozent der im rohen Gemüse enthaltenen Antioxidantien.

Für alle Rezepte in diesem Buch genügt ein simpler Dämpfeinsatz oder ein Dämpfkörbchen, aber natürlich sind auch elektrische Dampfgarer oder Reiskocher eine sehr praktische Variante.

Dämpfen eröffnet viele Möglichkeiten. Sie können damit eine Unmenge an abwechslungsreichen Gerichten kreieren. Es muss nicht mehr das altbekannte matschige, verkochte Gemüse sein. Mit ein paar Tipps und Tricks und den Rezepten in diesem Buch zaubern Sie im Handumdrehen leckere und gesunde Gerichte auf den Tisch.

AUSRÜSTUNG

Dampfgaren kann man mit verschiedenen Geräten. Sie funktionieren alle nach dem gleichen Prinzip und können für alle Rezepte in diesem Buch verwendet werden. Statt des klassischen Bambuskörbchens oder eines Dämpfeinsatzes aus Edelstahl können Sie notfalls auch ein Metallsieb als Korb verwenden und es in einen passenden Kochtopf hängen. Es gibt auch (elektrische) Dampfgarer mit mehreren Etagen, in denen mehrere Zutaten gleichzeitig getrennt voneinander gedämpft werden können. Die Rezepte in diesem Buch werden jedoch alle mit einem einzigen Dämpfeinsatz gemacht.

EDELSTAHL-DÄMPF-KORB ODER -EINSATZ

Die faltbaren Dämpfkörbe, die in einen Kochtopf beliebiger Größe passen, sind praktisch, aber nicht sehr vielseitig verwendbar, da der Boden relativ klein ist und die Siebfläche tief im Kochtopf hängt, was die Herstellung einer größeren Menge Brühe verunmöglicht. Es gibt passende Sets von Topf und Dämpfeinsatz oder auch separate Dämpfeinsätze. Wichtig bei Letzteren ist die richtige, zu Topf oder Pfanne passende Größe.

BAMBUSKORB

Diese Dämpfkörbe findet man in asiatischen Supermärkten. Sie können in einem normalen Kochtopf oder im Wok verwendet werden. Die Körbe können in mehreren Etagen übereinandergeschichtet werden, um größere Mengen oder unterschiedliche Zutaten getrennt zuzubereiten. Der Bambus darf nicht direkt mit einer Flamme oder einer anderen Hitzequelle in Kontakt kommen. Es ist sinnvoll, den Bambuskorb vor Gebrauch in Wasser einzuweichen, um Anbrennen zu verhindern. Bedenken Sie, dass die Körbe heiß werden, und fassen Sie sie mit Kochhandschuhen oder einem Topflappen an.

TIPPS UND TRICKS ZUM DAMPFGAREN

Wenn im Rezept nichts anderes steht, wird der Kochtopf immer mit 250–500 ml Wasser gefüllt. Dann wird der Topf auf die Herdplatte gestellt und das Wasser zum Kochen gebracht. Folgendes sollte beim Dampfgaren beachtet werden:

TIPP 1

Darauf achten, dass der Dämpfeinsatz die Wasseroberfläche nicht berührt. Die Nahrungsmittel sollen gedämpft und nicht mit kochendem Wasser bespritzt werden. In einigen Rezepten wird eine größere Menge Flüssigkeit (1 Liter oder mehr) verwendet; dann ist besonders darauf zu achten, dass der Dämpfeinsatz genügend Abstand zur Flüssigkeit hat und diese nicht berührt.

TIPP 2

Wenn Sie Lebensmittel zubereiten, die am Dämpfkorb/-einsatz festkleben oder durch die Löcher im Boden hindurchfallen könnten (flüssige Zutaten oder solche mit kleiner Korngröße), sollten Sie den Dämpfkorb auslegen. Sie können dazu Backpapier verwenden, große Kohl-, Chinakohl- oder Salatblätter eignen sich ebenfalls. Der Dampf kann hindurchdringen, und nichts bleibt am Boden hängen.

TIPP 3

Gegart wird in der Regel mit geschlossenem Deckel. Nach dem Garen, wenn nicht anders angegeben, den Deckel abheben und den Dämpfkorb aus dem Kochtopf nehmen. Bei geschlossenem Deckel kann der Inhalt noch lange nachgaren. Und nichts ist schlimmer als zu lange gedämpfte, matschige Speisen.

TIPP 4

Achten Sie unbedingt darauf, dass die Kochflüssigkeit (Wasser oder Brühe) nie vollständig verdampft. Überprüfen Sie alle 10–15 Minuten, ob noch ausreichend Flüssigkeit im Kochtopf ist. Wenn kein Wasser oder keine Brühe mehr im Topf ist, überhitzt der Topf und das Essen verbrennt.

TIPP 5

Stellen Sie sicher, dass Dämpfkorb bzw. -einsatz und Deckel in der Größe mit dem Kochtopf übereinstimmen, damit kein Dampf entweichen kann. Wickeln Sie gegebenenfalls ein feuchtes Geschirrtuch um den Topfdeckel.

VEGETARISCH

QUINOA VEGGIE BOWL

FÜR 1 PERSON

60 g weißes Quinoa, gewaschen
1 kleine Rote Bete (Rande), geschält, in Scheiben geschnitten
3 Rosenkohlröschen, geputzt, halbiert
½ kleine Süßkartoffel, geschält, in Scheiben geschnitten
50 g Brokkoli, in Röschen zerteilt

Tahini-Dressing:
60 ml Tahini (Sesampaste)
1 Knoblauchzehe, fein gehackt
60 ml warmes Wasser
Saft von 1 Zitrone
Meersalz, frisch gemahlener schwarzer Pfeffer

In einem Kochtopf Wasser zum Kochen bringen (siehe Seite 10). Den Boden des Dämpfeinsatzes mit Backpapier auslegen. Das Quinoa daraufgeben und 80 ml Wasser darüber verteilen. Zugedeckt 10–15 Minuten dämpfen.
Alle Zutaten für das Dressing gut verrühren. Das Quinoa umrühren, Rote Bete und Rosenkohl hinzufügen und weitere 5 Minuten dämpfen, dann Süsskartoffel und Brokkoli hinzufügen und nochmals 4–5 Minuten dämpfen, bis Gemüse und Quinoa weich sind. Mit Tahini-Dressing beträufelt servieren.

SPINAT-RAVIOLI MIT ZUCCHINI-NUDELN

FÜR 2 PERSONEN

250 g frische Spinat-Ravioli
1 Zucchini, in Spiralen geschnitten
(mit Spiralschneider oder Gemüseschäler)
1 EL Olivenöl
Meersalz, frisch gemahlener schwarzer Pfeffer
1 EL frisch geriebener Parmesan

In einem Kochtopf Wasser zum Kochen bringen (siehe Seite 10). Die Ravioli in den Dämpfeinsatz geben und zugedeckt 7 Minuten dämpfen. Die Zucchininudeln hinzufügen und 1 Minute mitdämpfen. Anrichten, mit Olivenöl beträufeln, mit Salz und Pfeffer würzen und mit Parmesan bestreuen.

BUNTER BULGURSALAT

FÜR 2 PERSONEN

150 g Bulgur, gewaschen
¼ rote Zwiebel, in feine Streifen geschnitten
½ Salatgurke, längs geviertelt, dann in kleine Stücke geschnitten
100 g Kirschtomaten, halbiert
½ Bund Minze, Blätter abgezupft
½ Bund glatte Petersilie, Blätter abgezupft
Saft von 1 Limette
2 EL Olivenöl
Meersalz, frisch gemahlener schwarzer Pfeffer

In einem Kochtopf Wasser zum Kochen bringen (siehe Seite 10). Den Boden des Dämpfeinsatzes mit Backpapier auslegen. Den Bulgur daraufgeben und zugedeckt 10 Minuten dämpfen. Umrühren, die Zwiebel hinzufügen und weitere 5 Minuten dämpfen, bis der Bulgur weich und locker ist. In eine Schüssel füllen, Gurke, Tomaten, Kräuter, Limettensaft und Olivenöl hinzufügen. Gut vermischen, mit Salz und Pfeffer würzen.

LINSEN MIT BRUNNENKRESSE & FETA

FÜR 2 PERSONEN

1 Karotte, längs geviertelt, gewürfelt
1 Stange Sellerie, klein geschnitten
1 Roma-Tomate, gewürfelt
400 g Linsen aus der Dose
1 TL gemahlener Kreuzkümmel
2 EL Olivenöl
1 EL Rotweinessig
30 g Brunnenkresse
80 g weicher Fetakäse, zerbröselt
Meersalz

In einem Kochtopf Wasser zum Kochen bringen (siehe Seite 10). Den Boden des Dämpfeinsatzes mit Backpapier auslegen. Karotte, Staudensellerie und Tomate daraufgeben und zugedeckt 3–4 Minuten dämpfen. Die Linsen hinzufügen und 1–2 Minuten mitdämpfen, bis sie heiß sind und das Gemüse weich ist. Alles in eine Schüssel füllen, Kreuzkümmel, Olivenöl und Essig hinzufügen und gut vermischen. Brunnenkresse und Feta unterheben. Mit Salz würzen.

SÜSSKARTOFFEL-ERBSEN-RISOTTO

FÜR 2 PERSONEN

200 g Arborioreis
½ Zwiebel, gewürfelt
300 g Süßkartoffeln, geschält, gewürfelt
120 g Erbsen, frisch oder tiefgekühlt
Meersalz, frisch gemahlener schwarzer Pfeffer
875 ml Gemüsebrühe
2 EL fein geriebener Parmesan
Saft von ½ Zitrone

Für alle, die Risotto lieben, aber nicht 40 Minuten am Herd stehen und im Reis rühren wollen. Dieses Rezept braucht etwas mehr Zeit, kocht aber praktisch von selbst.

750 ml Wasser in den Kochtopf füllen und zugedeckt zum Kochen bringen. Aufgrund der längeren Kochzeit immer wieder prüfen, ob noch genügend Wasser im Topf ist; falls nötig Wasser nachgießen. Den Boden des Dämpfeinsatzes mit Backpapier auslegen. Reis, Zwiebel, Süßkartoffeln und Erbsen im Dämpfeinsatz vermischen. Salzen, 250 ml Gemüsebrühe über den Reis gießen und zugedeckt 10 Minuten dämpfen. Den Reis umrühren, nochmals 250 ml Gemüsebrühe hinzufügen und weitere 15 Minuten dämpfen. Erneut 250 ml Brühe hinzufügen und umrühren. Weitere 15 Minuten dämpfen, dann die restlichen 125 ml Brühe hinzufügen, umrühren und 10–15 Minuten dämpfen, bis die Flüssigkeit vollständig aufgesaugt und der Reis cremig ist. Parmesan und Zitronensaft unterrühren und mit Salz und Pfeffer abschmecken.

PILAF MIT SPINAT UND PINIENKERNEN

FÜR 2 PERSONEN

160 g Wildreis, abgespült
500 ml Gemüsebrühe
2 Frühlingszwiebeln, in Ringe geschnitten
100 g Spinat
40 g Pinienkerne
Kerne von 1 Granatapfel
2 EL Petersilie, gehackt
1 Knoblauchzehe, fein gehackt
2 EL Olivenöl
Meersalz

Den Reis und die Brühe direkt in den Kochtopf geben. Den Dämpfeinsatz darübersetzen und zugedeckt zum Kochen bringen. Sobald die Brühe kocht, die Temperatur zurückschalten und den Reis etwa 20 Minuten bissfest garen. Von Zeit zu Zeit umrühren und überprüfen, ob noch genügend Flüssigkeit vorhanden ist; falls nötig 2 Esslöffel Wasser hinzufügen. Nach 15 Minuten die Frühlingszwiebeln und den Spinat in den Dämpfkorb geben und 5 Minuten dämpfen. Sobald der Reis gar ist, vom Herd nehmen. Frühlingszwiebeln und Spinat daruntermischen. Pinienkerne, Granatapfelkerne, Petersilie, Knoblauch und Olivenöl hinzufügen. Mit Salz abschmecken und alles gut umrühren.

FRISCHE FETTUCINE MIT CHAMPIGNONS

FÜR 2 PERSONEN

½ Zwiebel, gewürfelt
100 g Champignons, in Scheiben geschnitten
Meersalz, frisch gemahlener schwarzer Pfeffer
150 g frische Fettuccine (Bandnudeln)
1 Eigelb
2 EL Rahm (Schlagsahne)
2 EL fein geriebener Parmesan

Den Kochtopf mit mindestens 1 Liter Wasser füllen (oder bis knapp über die Hälfte). Auf hoher Temperatur zum Kochen bringen, dann auf mittlere Temperatur zurückschalten. Zwiebel und Champignons in den Dämpfeinsatz geben, mit Salz würzen und zugedeckt 2–3 Minuten dämpfen. Dann die Pasta direkt in das kochende Wasser geben, den Dämpfeinsatz wieder darübersetzen und 5–6 Minuten kochen oder so lange, wie die Fettucine brauchen. Eigelb und Rahm verrühren. Die Pasta abgießen und die Eigelbmischung darunterrühren. Zwiebel und Champignons auf die Pasta geben, gut würzen und mit Parmesan bestreuen.

DINKEL MIT WURZELGEMÜSE

FÜR 2 PERSONEN

200 g Dinkelkörner, gewaschen
300 g gemischtes Wurzelgemüse, gerieben
(z. B. Rote Bete, Rüben, Karotten)
50 g Rucolablätter

Kurkuma-Vinaigrette:
1 EL Apfelessig
1 EL Honig
3 EL Olivenöl
1 TL Kurkuma, gemahlen
½ TL Ingwer, gemahlen
Meersalz, frisch gemahlener schwarzer Pfeffer

Den Dinkel direkt in den Kochtopf geben, mit 700 ml Wasser bedecken und würzen. Den Dämpfeinsatz darübersetzen. Auf mittlerer Temperatur erhitzen, bis das Wasser kocht, dann zurückschalten, sodass das Wasser nur noch köchelt. Den Dinkel 20 Minuten köcheln lassen, bis er weich ist; falls nötig noch 60–80 ml Wasser hinzufügen. Umrühren. Das Wurzelgemüse in den Dämpfeinsatz geben und 6–7 Minuten über dem Dinkel weich dämpfen. Die Zutaten für die Vinaigrette vermischen. Den Rucola und das gedämpfte Gemüse mit der Vinaigrette unter den warmen Dinkel mischen. Nach Geschmack nachwürzen.

TOFU UND GEMÜSE MIT INGWER-MISO-DRESSING

FÜR 2 PERSONEN

200 g Tofu, in Streifen geschnitten
4 Scheiben Kürbis
1 Bund Radieschen, längs halbiert
1 kleines Bund junge Karotten
1 EL schwarzer Sesamsamen

Miso-Dressing:
1 EL weiße Misopaste
1 EL Pflanzenöl
1 TL frischer Ingwer, gerieben
½ TL geröstetes Sesamöl
Saft von ½ Limette
½ EL Mirin

In einem Kochtopf Wasser zum Kochen bringen (siehe Seite 10). Tofu und Gemüse in den Dämpfeinsatz geben, zugedeckt 6–8 Minuten dämpfen oder so lange, bis das Gemüse weich ist und eine schöne Farbe hat. Alle Zutaten für das Dressing mit dem Schneebesen verrühren. Das Dressing über Tofu und Gemüse gießen, mit Sesam bestreuen und servieren.

WÜRZIGE BLUMENKOHLSUPPE

FÜR 4 PERSONEN

1 Blumenkohl (600 g), grob zerkleinert
2 Knoblauchzehen
1 TL Kreuzkümmel, gemahlen
1 TL Kurkuma, gemahlen
2 TL Dukkah (ägyptische Gewürzmischung), zum Garnieren
1 Esslöffel Olivenöl
60 g Naturjoghurt
Meersalz, frisch gemahlener schwarzer Pfeffer

1 l Wasser in den Kochtopf füllen. Den Blumenkohl mit Knoblauch, Gewürzen und Olivenöl gut vermischen. In den Dämpfeinsatz geben, kalt aufsetzen und zugedeckt erhitzen. 30–35 Minuten dämpfen oder so lange, bis der Blumenkohl weich ist. Den Blumenkohl in den Mixer geben. Den Joghurt und 350–500 ml der Kochflüssigkeit hinzufügen und cremig mixen. Mit Salz und Pfeffer würzen. So viel Wasser hinzufügen, bis die Suppe die gewünschte Konsistenz hat. Mit Dukkah bestreut servieren.

All-Clad
All-Clad

POWER-GRÜNGEMÜSE MIT SAFRANJOGHURT

FÜR 1 PERSON

60 ml Naturjoghurt
Meersalz, frisch gemahlener schwarzer Pfeffer
1 Prise Safranfäden
1 großes Blatt Palm- oder Schwarzkohl mit Stängel
1 kleine Handvoll Jungspinatblätter
50 g Stangenbrokkoli (Broccolini), längs halbiert
1 Handvoll Zuckerschoten, halbiert
¼ kleine Fenchelknolle, in feine Streifen geschnitten
2 EL Kürbiskerne oder gemischte Kerne, geröstet

Den Joghurt mit 1 Esslöffel Wasser verrühren, salzen und pfeffern. Mit dem Safran bestreuen und bis zum Servieren kühl stellen.
In einem Kochtopf Wasser zum Kochen bringen (siehe Seite 10). Palmkohl, Spinat, Brokkoli und Zuckerschoten in den Dämpfeinsatz geben und zugedeckt 4–5 Minuten dämpfen, bis das Gemüse intensiv grün und gar ist. Würzen. Fenchel und Kürbiskerne hinzufügen. Die Safranfäden in den Joghurt einrühren und mit dem Gemüse anrichten.

GEDÄMPFTES EI MIT SPARGEL

FÜR 1 PERSON

1 Ei
1 Bund Spargel, geputzt
½ TL geröstetes Sesamöl
1 Radieschen, in Stifte geschnitten
1 TL schwarze Sesamsamen

In einem Kochtopf Wasser zum Kochen bringen (siehe Seite 10). Das Ei in der Schale in den Dämpfeinsatz legen und zugedeckt 3 Minuten garen. Dann den Spargel hinzufügen und weitere 5–6 Minuten dämpfen; das Ei ist dann wachsweich und gleichzeitig mit dem Spargel gar. Den Spargel auf einem Teller anrichten. Mit Sesamöl beträufeln. Das Ei unter kaltem Wasser abschrecken, schälen, halbieren und zusammen mit den Radieschen auf dem Spargel anrichten. Mit Sesam bestreuen.

GEMÜSESUPPE

FÜR 4 PERSONEN

500 ml Gemüsebrühe
2 Knoblauchzehen, gehackt
2 Zweige Thymian, einer davon zum Garnieren
600 g gemischtes zerkleinertes Gemüse (z. B. Kürbis, Kartoffeln, Süßkartoffeln, Blumenkohl, grüne Bohnen, Brokkoli, Pilze, Spinat)
½ Zwiebel, gehackt
Meersalz, frisch gemahlener schwarzer Pfeffer
2 EL Petersilie, gehackt, nach Wunsch

Gemüsebrühe, Knoblauch und Thymianzweig in einen Kochtopf geben und zugedeckt zum Kochen bringen; dann die Temperatur zurückschalten. Gemüse und Zwiebel in den Dämpfeinsatz geben; am besten zuerst das Wurzelgemüse 10 Minuten dämpfen, dann das restliche schneller garende Gemüse hinzufügen. Nach 20 Minuten sollten alle Gemüse weich sein; darauf achten, dass das Gemüse nicht verkocht. Vom Herd nehmen. Das Gemüse mit der Hälfte der Brühe in den Mixer geben. Würzen und gründlich mixen. Weitere Gemüsebrühe hinzufügen, bis die gewünschte Konsistenz erreicht ist. In Suppenschalen füllen und mit Thymianblättchen und/oder nach Wunsch Petersilie bestreuen.

WONTONS MIT SPINAT & PILZEN

FÜR 2 PERSONEN (ERGIBT 12 WONTONS)

2 getrocknete Shiitakepilze
150 g Jungspinat
5–6 Wasserkastanien, abgetropft, klein geschnitten
1 Knoblauchzehe, fein gehackt
½ EL vegetarische Austernsauce
½ EL Ponzo-Sauce, zusätzlich Sauce zum Dippen
12 viereckige Wontonblätter

Die Shiitakepilze mit Wasser in den Kochtopf geben (siehe Seite 10) und zum Kochen bringen. Dann die Temperatur leicht zurückschalten. Den Spinat im Dämpfeinsatz zugedeckt 4–5 Minuten dämpfen, etwas abkühlen lassen, dann von Hand das überschüssige Wasser ausdrücken. Die Pilze weiter köcheln lassen. Wasserkastanien, Knoblauch, Austern- und Ponzosauce mit dem Spinat vermischen. Die Pilze herausheben, abtropfen lassen, fein würfeln und ebenfalls unter den Spinat mischen.

Auf jedes Wontonblatt 1 Teelöffel Füllung geben. Die Ränder mit dem Finger mit Wasser befeuchten, zu einem Dreieck zusammenfalten und gut festdrücken. Darauf achten, dass keine Luft eingeschlossen wird. Das Wasser im Topf wieder erhitzen; die Wassermenge überprüfen. Den Boden des Dämpfeinsatzes mit Backpapier auslegen und die Wontons darauflegen. 5–6 Minuten dämpfen, bis die Blätter durchsichtig sind. Mit Ponzo-Sauce zum Dippen servieren.

GEMÜSETÜRMCHEN

FÜR 1 PERSON

2 frische Lasagneblätter
3 EL Ricotta
3 EL Pesto
4–5 Scheiben Süßkartoffeln
3 EL Olivenöl
6–7 Basilikumblätter, ein paar Blätter als Garnitur
Meersalz
2–3 Scheiben Rote Bete (Rande), ½ cm dick
1 Scheibe Kürbis
1 großer brauner Champignon, in Scheiben geschnitten
1 Roma-Tomate, der Länge nach in 3 Scheiben geschnitten

In einem Kochtopf Wasser zum Kochen bringen (siehe Seite 10). Die Lasagneblätter jeweils in 3 gleich große Stücke schneiden. Ricotta mit Pesto verrühren und die Lasagneblätter damit bestreichen. Ein Lasagneblatt auf die Arbeitsfläche legen. Mit den Gemüsescheiben, jeweils mit etwas Pesto Olivenöl beträufelt, gesalzen und mit Basilikumblättern dazwischen, aufeinanderstapeln. Mit einem Lasagneblatt abschließen und leicht andrücken. Die Gemüsestapel mit einem Spatel in den Dämpfeinsatz heben und zugedeckt 10–12 Minuten dämpfen, bis das Gemüse weich ist. Mit fein geschnittenem Basilikum bestreuen und salzen.

FLEISCH & FISCH

HÜHNER-WONTON-SUPPE

FÜR 4 PERSONEN

150 g gehacktes Hühnerfleisch
100 g Chinakohl,
sehr fein geschnitten
1 TL Ingwer, fein gehackt + 2 Scheiben
Ingwer für die Brühe
1 EL Sojasauce
½ TL geröstetes Sesamöl
20 runde Wontonblätter
1½ l Hühnerbrühe
2 getrocknete Shiitakepilze
1 Frühlingswiebel,
fein geschnitten
1 Sternanis

Fleisch, Chinakohl, Ingwer, Sojasauce und Sesamöl in einer Schüssel mischen. In die Mitte jedes Wontonblattes 1 gehäuften TL Fleischmasse setzen. Die Ränder mit dem Finger mit Wasser befeuchten. Den Teig über die Füllung schlagen und den Rand festdrücken; darauf achten, dass sich keine Luftblasen bilden. Die gefüllten Wontons bis zur Verwendung mit einem feuchten Tuch bedecken, damit sie nicht austrocknen.
Die Hühnerbrühe mit Pilzen, Sternanis und Ingwerscheiben im Kochtopf zugedeckt zum Kochen bringen. Sobald die Brühe kocht, die Wontons im Dämpfeinsatz (eventuell je nach Größe in stapelbaren Körbchen) über der kochenden Brühe 5–6 Minuten dämpfen, bis sie leicht durchsichtig und glänzend werden. Die Wontons gleichmäßig in Suppenschalen verteilen. Mit der Brühe übergießen und mit Frühlingszwiebeln bestreuen.

SCHINKEN & ROSEN-KOHL MIT PEKANNÜSSEN

FÜR 1 PERSON

150 g Rosenkohl, geputzt, halbiert
1 EL Olivenöl
2 TL Honig
Meersalz
2–3 große, dicke Scheiben Schinken (100 g)
2 EL Pekannüsse, gehackt

Den Rosenkohl mit Olivenöl und Honig vermischen, bis der Rosenkohl gut umhüllt ist. Salzen.
In einem Kochtopf Wasser zum Kochen bringen (siehe Seite 10). Die Schinkenscheiben zusammen mit dem Rosenkohl in den Dämpfeinsatz geben und zugedeckt 6–8 Minuten dämpfen, bis der Schinken durch und durch warm und der Rosenkohl gar ist. Mit gehackten Pekannüssen bestreuen und servieren.

SPICY HUHN & CHORIZO

FÜR 2 PERSONEN

250 g Hühnerbrust, in dünne Scheiben geschnitten
60 g weiche Chorizo, in Scheiben geschnitten
2 EL süße Chilisauce
1 Karotte, in Scheiben geschnitten
2 Frühlingszwiebeln, in Stücke geschnitten
3 EL Honig
3 EL Sojasauce
1 EL Sesamsamen

Hühnerfleisch, Chorizo und Chilisauce gründlich vermischen. Zugedeckt mindestens 1 Stunde marinieren lassen.
In einem Kochtopf Wasser zum Kochen bringen (siehe Seite 10). Hühnerfleisch und Chorizo in den Dämpfeinsatz geben, Karotte und Frühlingszwiebeln hinzufügen. Zugedeckt 10–12 Minuten dämpfen, bis das Fleisch gar ist. Alles in eine Schüssel füllen, Honig und Sojasauce hinzufügen und gut vermischen. Mit Sesam bestreut servieren.

FISCH MIT FENCHEL, ORANGE & KAPERN

FÜR 2 PERSONEN

250 ml Weißwein
1 ganze Seezunge oder anderer weißfleischiger Fisch, ausgenommen und gesäubert
20 g Butter
Meersalz, frisch gemahlener schwarzer Pfeffer
1 kleine Fenchelknolle, fein geschnitten
1 kleine Orange, filetiert
40 g kleine Kapern
1 EL Olivenöl

Den Weißwein mit 250 ml Wasser in den Kochtopf geben und zum Kochen bringen. Den Boden des Dämpfeinsatzs mit Backpapier auslegen. Den Fisch innen und außen mit Butter bestreichen, würzen. Den Fisch mit der Hälfte des Fenchels und der Orangenfilets und der restlichen Butter füllen. Im Dämpfeinsatz zugedeckt 20–25 Minuten dämpfen, bis der Fisch gar ist; das Fleisch sollte weiß sein und sich feinblättrig zerteilen lassen. Den restlichen Fenchel, die restlichen Orangenfilets und die Kapern über den Fisch verteilen, mit Olivenöl beträufeln und servieren.

BETRUNKENES HUHN

FÜR 4 PERSONEN ODER MEHR

750 ml Shaoxing-Wein (Reiswein)
10 g frischer Ingwer, in Scheiben geschnitten
3 Sternanis
1 ganzes Huhn, küchenfertig, gewaschen

Ein supereinfaches Rezept für die Zubereitung eines ganzen Hähnchens. Das Fleisch kann sofort gegessen oder für andere Gerichte verwendet werden. Den Reiswein mit Ingwer und Sternanis im Kochtopf zum Kochen bringen. Das Huhn im Dämpfeinsatz zugedeckt 40–45 Minuten dämpfen (Dauer je nach Größe). Mit einem Messer in einen der Oberschenkel stechen, um den Garzustand zu überprüfen. Wenn klare Flüssigkeit ausläuft, ist das Fleisch gar. Herausnehmen und vor dem Servieren 10 Minuten ruhen lassen.

All-Clad
All-Clad

BETRUNKENES HUHN

VARIANTEN, JEWEILS FÜR 2 PERSONEN

Variante 1
Das Huhn zerlegen. Schlegel oder Brust einfach mit der gesiebten Brühe übergossen servieren.

Variante 2
200 g zerpflücktes Hühnerfleisch mit 60 ml Dressing nach Wunsch und frischen Kräutern vermischen. In Salatblättern anrichten.

Variante 3
250 ml Hühnerbrühe zur restlichen Dampfflüssigkeit geben. 150 g zerpflücktes Hühnerfleisch und einige Champignonscheiben hinzufügen und aufkochen. Sojasprossen, Minze- und Korianderblätter dazugeben.

Variante 4
Zerzupftes oder gewürfeltes Hühnerfleisch mit Pasta oder Risottoreis vermischen (siehe Seite 22).

FISCHCURRY

FÜR 2 PERSONEN

1 TL Pflanzen- oder Erdnussöl
½ Zwiebel, in Streifen geschnitten
1 gehäufter TL rote Currypaste
400 ml Kokosmilch
250 g Fischfilet, in mundgerechte Stücke geschnitten
100 g Zuckerschoten (Kefen), halbiert
Saft von ½ Limette
½ EL Fischsauce
½ Bund Koriander, Blätter abgezupft
1 rote Chili, in Scheiben geschnitten, nach Belieben

Das Öl im Kochtopf erhitzen. Zwiebel und Currypaste darin 1 Minute anbraten. Sobald sich das Aroma entfaltet, die Kokosmilch hinzufügen und den Dämpfeinsatz auf den Topf setzen. Auf niedrige Stufe stellen, sodass die Kokosmilch nicht überkocht. Den Boden des Dämpfeinsatzes mit Backpapier auslegen, Fisch und Zuckerschoten daraufgeben und zugedeckt 4–5 Minuten dämpfen, bis der Fisch gar ist. Fisch und Zuckerschoten in Servierschalen füllen. Limettensaft und Fischsauce zur Kochflüssigkeit geben, mischen und über den Fisch verteilen. Mit Koriander und Chili bestreuen.

HEILBUTT IN SAKE

FÜR 2 PERSONEN

250 ml Sake (Reiswein)
4 Scheiben Kabocha-Kürbis (1 cm dick), mit Schale
2 Heilbuttfilets oder anderes weißfleischiges Fischfilet
2–3 cm frischer Ingwer, geschält,
in Stifte geschnitten
1 rote Chilischote, entkernt, in feine Streifen
geschnitten
Meersalz

Den Sake im Kochtopf zum Kochen bringen, dann die Temperatur etwas zurückschalten. Den Kürbis salzen und im Dämpfeinsatz zugedeckt 3–4 Minuten dämpfen, dann den Fisch, mit Ingwer und Chili belegt, in den Dämpfeinsatz geben und weitere 5–6 Minuten dämpfen. Fisch und Kürbis sollten gleichzeitig gar sein. Zum Servieren mit etwas Sakebrühe übergießen.

LACHS MIT PAK CHOI & SAMBAL

FÜR 2 PERSONEN

3 rote Chilischoten
1 Schalotte
1 EL Rotweinessig
1 Spritzer Limettensaft
1 TL Meersalz
2 Lachsfilets (à 200 g)
1 Kopf Pak Choi (ca. 300 g)

Chilis, Schalotte, Essig, Limettensaft und Salz im Mörser oder Blitzhacker zu einer Paste pürieren.
In einem Kochtopf Wasser zum Kochen bringen (siehe Seite 10). Die Lachsfilets mit der Chilipaste bestreichen. In den Dämpfeinsatz geben und zugedeckt 2–3 Minuten dämpfen. Dann den in Blätter zerpflückten Pak Choi hinzufügen. Weitere 4–5 Minuten dämpfen. Mit dem restlichen Sambal servieren.

HUHN-KARTOFFEL-SALAT

FÜR 2 PERSONEN

2 Hühnerbrustfilets (ca. 200 g)
500 g neue Kartoffeln, ungeschält geviertelt
100 g Maiskörner, Dose oder tiefgekühlt
½ rote Zwiebel, gewürfelt
2 EL Mayonnaise
2 EL griechischer Naturjoghurt
Saft von ½ Zitrone
Meersalz, frisch gemahlener schwarzer Pfeffer
½ Bund Minze, gehackt

In einem Kochtopf Wasser zum Kochen bringen (siehe Seite 10). Die Hühnerbrust im Dämpfeinsatz zugedeckt 10 Minuten dämpfen oder so lange, bis das Fleisch gar ist. Herausnehmen, leicht abkühlen lassen. Die Kartoffeln im Dämpfeinsatz zugedeckt 10–15 Minuten weich dämpfen.
1–2 Minuten bevor die Kartoffeln gar sind, Mais und Zwiebel hinzufügen.
Mayonnaise und Joghurt mit 1 Esslöffel Wasser und dem Zitronensaft gut verrühren, salzen und pfeffern. Das Hühnerfleisch zerzupfen und zusammen mit der Kartoffelmischung in eine Schüssel geben. Mit der Sauce übergießen, Minze hinzufügen und alles gut mischen.

MUSCHELN IN TOMATENBRÜHE

FÜR 4 PERSONEN

1 EL Olivenöl
1 kleine Zwiebel, gewürfelt
1 Stange Staudensellerie, gewürfelt
125 ml Gemüsebrühe
125 ml Tomatenpüree
125 ml Weißwein
1 kg frische Miesmuscheln, küchenfertig
Meersalz, frisch gemahlener schwarzer Pfeffer
1 kleine Handvoll Petersilie, fein gehackt

Das Olivenöl im Kochtopf erhitzen, Zwiebel und Sellerie 1–2 Minuten andünsten. Gemüsebrühe, Tomatenpüree und Weißwein hinzufügen und aufkochen. 2 Minuten köcheln lassen. Den Dämpfeinsatz mit den Muscheln darübersetzen und zugedeckt 2 Minuten dämpfen, oder so lange, bis sich alle Muscheln geöffnet haben. Nicht geöffnete Muscheln wegwerfen. Die Muscheln mit der Tomatenbrühe servieren, salzen, pfeffern und mit Petersilie bestreuen.

RIESENGARNELEN & NUDELN MIT SALSA VERDE

FÜR 2 PERSONEN

400 g Hokkien-Nudeln (dicke Eiernudeln)
8–10 rohe Riesengarnelen, geschält

Salsa verde:
1 EL Basilikum, gehackt
1 EL Minze, gehackt
1 EL Oregano, gehackt
1 EL glatte Petersilie, gehackt
1 Knoblauchzehe
1 TL Dijonsenf
1 weißes Anchovisfilet
½ EL Kapern
1 EL Weißweinessig
3 EL Olivenöl

Alle Zutaten für die Salsa verde im Mixer zu einer weichen Paste mixen. Eventuell etwas mehr Olivenöl hinzufügen.
In einem Kochtopf Wasser zum Kochen bringen (siehe Seite 10). Die Nudeln in den Dämpfeinsatz und die Garnelen daraufgeben. Zugedeckt 3–4 Minuten dämpfen, bis die Garnelen orangefarben werden und die Nudeln gar sind. Mit der grünen Sauce vermischen und servieren.

MISO-FISCH MIT GRÜNEN BOHNEN

FÜR 2 PERSONEN

1 EL weiße Misopaste
2 Kabeljaufilets (à 150 g)
150 g grüne Bohnen
1 TL geröstetes Sesamöl
1 EL frittierte Schalotten (Fertigprodukt)

Den Fisch mit Misopaste bestreichen. In einem Kochtopf Wasser zum Kochen bringen (siehe Seite 10). Den Fisch im Dämpfeinsatz zugedeckt 3 Minuten dämpfen. Dann die Bohnen hinzufügen und weitere 3–4 Minuten dämpfen. Anrichten, mit Sesamöl beträufeln und mit gerösteten Schalotten bestreuen.

KOKOSREIS MIT HUHN & BROKKOLI

FÜR 2 PERSONEN

180 g weißer Reis, abgespült
1 Stängel Zitronengras, zerdrückt
250 ml Kokosmilch
2 Hühnerbrüste
1 Bund Stangenbrokkoli (Broccolini), geputzt
½ TL getrocknete rote Chiliflocken
frischer Koriander, zum Bestreuen

Den Reis mit dem Zitronengras, der Kokosmilch und 250 ml Wasser in den Kochtopf geben. Die Hühnerbrüstchen in den Dämpfeinsatz legen, über den Topf setzen und zum Kochen bringen. Die Temperatur zurückschalten, sodass der Reis nur leicht köchelt. Insgesamt 20 Minuten dämpfen. Nach 10 Minuten den Reis umrühren und falls nötig Flüssigkeit nachgießen. Nach 15 Minuten den Brokkoli hinzufügen und die restlichen 5 Minuten dämpfen. Das Zitronengras entfernen. Reis, Huhn und Brokkoli auf Tellern anrichten. Mit Chiliflocken und Koriander bestreuen.

REISSALAT MIT GERÄUCHERTEM FISCH

FÜR 2 PERSONEN

400 g geräucherter Kabeljau oder anderer Fisch
350 g gekochter weißer Reis (Rest oder Express-Reis im Beutel für die Mikrowelle)
100 g Erbsen, tiefgefroren
40 g Butter, geschmolzen
1 Knoblauchzehe, fein gehackt
2 TL mildes Currypulver
½ TL gemahlener Ingwer
Saft von ½ Zitrone + Zitronenschnitze zum Servieren
½ TL gemahlener Kreuzkümmel
Meersalz, frisch gemahlener schwarzer Pfeffer
einige Blätter glatte Petersilie und Koriander, grob gehackt

In einem Kochtopf Wasser zum Kochen bringen (siehe Seite 10). Den geräucherten Fisch im Dämpfeinsatz 4–5 Minuten dämpfen. Herausnehmen und warm halten. Den Boden des Dämpfeinsatzes mit Backpapier auslegen. Reis und Erbsen hineingeben und 3–4 Minuten zugedeckt dämpfen. Butter, Knoblauch, Curry, Ingwer und Zitronensaft vermischen. Den Reis und die Erbsen in eine Schüssel geben, den Fisch grob zerpflücken und dazugeben. Mit der Knoblauchbutter übergießen und gut umrühren. Mit Salz und Pfeffer würzen. Die Kräuter unterrühren. Mit Zitronenschnitzen servieren.

THUNFISCH MIT SCHWARZEM SESAM

FÜR 2 PERSONEN

250–300 g Thunfisch, Sashimi-Qualität
2 EL Olivenöl
3 EL schwarze Sesamsamen
Meersalz, frisch gemahlener schwarzer Pfeffer
400 g Cannellinibohnen (Dose), abgespült, abgetropft
½ kleine rote Zwiebel, in dünne Streifen geschnitten
½ Bund glatte Petersilie, grob gehackt
Saft von ½ Zitrone

Den Thunfisch mit 1 EL Olivenöl einreiben, salzen, pfeffern und in den Sesamsamen wälzen. In einem Kochtopf Wasser zum Kochen bringen (siehe Seite 10). Den Thunfisch mit den Bohnen im Dämpfeinsatz zugedeckt 12 Minuten dämpfen. Der Fisch sollte innen noch etwas roh sein. Die Bohnen in Servierschalen geben. Zwiebel, Petersilie, 1 EL Öl, Zitronensaft, Salz und Pfeffer hinzufügen und gut mischen. Den Thunfisch in Scheiben schneiden, auf dem Bohnensalat anrichten.

LACHS NIÇOISE

FÜR 2 PERSONEN

2 EL griechischer Naturjoghurt
2 EL Mayonnaise
1 EL Olivenöl
1 EL Zitronensaft
Meersalz, frisch gemahlener schwarzer Pfeffer
2 Eier
250 g Lachs
150 g grüne Bohnen, geputzt, halbiert
3 EL Kalamata-Oliven

Joghurt, Mayonnaise, Olivenöl und Zitronensaft vermischen; falls nötig 1 Esslöffel Wasser oder mehr hinzufügen. Salzen und pfeffern. In einem Kochtopf Wasser zum Kochen bringen (siehe Seite 10). Die Eier (in der Schale) und den Lachs im Dämpfeinsatz zugedeckt 3 Minuten dämpfen. Dann Bohnen und Oliven hinzufügen und weitere 3–4 Minuten dämpfen. Den Lachs zerpflücken und auf zwei Teller verteilen. Die Eier schälen und vierteln. Mit Bohnen und Oliven auf den Tellern anrichten. Mit dem Dressing beträufeln.

HÜHNERSUPPE MIT MAIS

FÜR 4 PERSONEN

1 l Hühnerbrühe
375 g Mais aus der Dose
½ EL Maisstärke, mit 1½ EL Sojasauce verrührt
2 Hühnerbrustfilets, quer in dünne Schnitzel halbiert
50 g Maiskörner, Dose oder tiefgekühlt
2 Frühlingszwiebeln, in Ringe geschnitten
1 Ei, verquirlt

Hühnerbrühe und Mais in den Kochtopf geben und zum Kochen bringen. Die Temperatur zurückschalten und die Sojapaste einrühren. Die Hühnerbrustschnitzel im Dämpfeinsatz zugedeckt 8 Minuten dämpfen. Dann den Mais und die Frühlingszwiebeln dazugeben und weitere 2–3 Minuten dämpfen, bis das Fleisch gar ist. Den Dämpfeinsatz herausnehmen, die Brühe aber weiter sieden lassen. Das Fleisch zerpflücken und zusammen mit Mais und Zwiebeln in die siedende Brühe geben. Das verquirlte Ei unter Rühren hinzufügen, sodass es Fäden bildet. In Suppenschalen servieren.

HÜHNERSCHLEGEL MIT OLIVEN & KIRSCHTOMATEN

FÜR 2 PERSONEN

250 ml Weißwein
250 ml Hühnerbrühe
2 Hühnerkeulen, ohne Haut
2 TL Olivenöl
Meersalz, frisch gemahlener schwarzer Pfeffer
30 g grüne Oliven aus dem Glas + 1 EL Einlegeflüssigkeit
100 g Kirschtomaten, in Viertel geschnitten
2 Zweige Basilikum, Blätter abgezupft
1 EL Mehl, mit 1 EL flüssiger Butter verrührt
40 ml Crème double

Weißwein und Hühnerbrühe in den Kochtopf geben und zum Kochen bringen. Die Hühnerkeulen mit Öl einreiben und gut würzen. Im Dämpfeinsatz zugedeckt 25–30 Minuten garen. Nach 10 Minuten Oliven, Olivenlake, Tomaten und die Hälfte des Basilikums dazugeben. Wenn das Fleisch gar ist (siehe Seite 54), den Dämpfeinsatz aus dem Topf nehmen und 5 Minuten ruhen lassen. Die Brühe im Topf aufkochen. Die Temperatur zurückschalten, die Mehl-Butter-Mischung sorgfältig mit dem Schneebesen einrühren, bis die Brühe eindickt. Salzen und pfeffern. Crème double hinzufügen. Die Hühnerkeulen anrichten, mit Sauce übergießen und mit dem restlichen Basilikum bestreuen.

OMELETT MIT SCHINKEN & ERBSEN

FÜR 1 PERSON

3 Eier
1 EL Milch
75 g gekochter Schinken, klein gewürfelt
2 EL geriebener Käse
40 g Erbsen, frisch oder tiefgefroren
Meersalz, frisch gemahlener schwarzer Pfeffer
1 kleine Handvoll Erbsensprossen zum Bestreuen

In einem Kochtopf Wasser zum Kochen bringen (siehe Seite 10). Den Boden des Dämpfeinsatzes mit Backpapier auslegen. Die Eier mit der Milch verquirlen. Schinken, Käse und Erbsen hinzufügen. Salzen und pfeffern. Die Eimischung auf das Backpapier geben und über dem kochenden Wasser zugedeckt 10–12 Minuten dämpfen, bis das Ei gestockt ist. Mit Erbsensprossen bestreut servieren.

REISNUDELN MIT SCHWEINEFLEISCH & PAK CHOI

FÜR 2 PERSONEN

100 g Schweinehackfleisch
10 g Ingwerwurzel, geschält, fein gehackt
1 rote Chilischote, in dünne Scheiben geschnitten
1 TL geröstetes Sesamöl
3 EL Sojasauce
150 g frische Reisnudeln
1 Pak Choi, in Streifen geschnitten
½ Bund Koriander, grob gehackt

In einem Kochtopf Wasser zum Kochen bringen (siehe Seite 10). Den Boden des Dämpfeinsatzes mit Kohlblättern oder Backpapier auslegen. Hackfleisch, Ingwer, Chili, Sesamöl und Sojasauce gründlich mischen. Die Fleischmischung im Dämpfeinsatz zugedeckt 2 Minuten dämpfen. Dann Reisnudeln und Pak Choi hinzufügen. Umrühren und weitere 3–4 Minuten dämpfen, bis die Reisnudeln und das Gemüse gar sind. Alles auf Teller verteilen und mit dem Koriander bestreuen.

FLEISCHBÄLLCHEN MIT SPINAT

FÜR 2 PERSONEN (ERGIBT 10 FLEISCHBÄLLCHEN)

½ Zwiebel
60 g Chorizo
300 g Rinderhackfleisch
2 EL Semmelbrösel
2 EL glatte Petersilie, gehackt
1 Ei
175 ml Tomatenpassata (dicke Tomatensauce)
125 ml Rahm (Sahne)
40 g Jungspinat (Spinatsalat)
1 EL gehobelter Parmesan
Meersalz, frisch gemahlener schwarzer Pfeffer

Chorizo und Zwiebel im Blitzhacker fein hacken. Mit Hackfleisch, Semmelbröseln, Petersilie und Ei gut vermischen, salzen und pfeffern. Daraus 10 Fleischbällchen formen.
In einem Kochtopf Wasser zum Kochen bringen (siehe Seite 10). Den Boden des Dämpfeinsatzs mit Backpapier auslegen. Die Fleischbällchen im Dämpfeinsatz zugedeckt 15 Minuten dämpfen. Tomatenpassata und Rahm vermischen, salzen und pfeffern. Wenn die Fleischbällchen fast gar sind, mit der Tomatensauce übergießen und weitere 4 Minuten dämpfen. Mit Spinat und gehobeltem Parmesan anrichten.

SCHNELLE BEILAGEN

GANZE MAISKOLBEN

FÜR 4 PERSONEN

4 ganze Maiskolben, Stielansatz und Blätter abgeschnitten
20 g Butter
1–2 TL Gewürzsalz oder Salz und Pfeffer

In einem Kochtopf Wasser zum Kochen bringen (siehe Seite 10). Die Maiskolben im Dämpfeinsatz zugedeckt 6–8 Minuten dämpfen, bis sie leuchtend gelb sind und beim Einstechen einer Gabel weich sind. Herausnehmen, mit Butter bestreichen und vor dem Servieren mit Gewürzen nach Wahl bestreuen.

BOHNEN MIT INGWER & CHILI

FÜR 4 PERSONEN

350 g grüne Bohnen, geputzt
1 rote Chilischote, fein gewürfelt
1 EL Ingwer, gerieben
2 EL Sojasauce
2 TL Agavensirup

In einem Kochtopf Wasser zum Kochen bringen (siehe Seite 10). Chili, Ingwer, Sojasauce und Agavensirup gut miteinander vermischen. Die Bohnen im Dämpfeinsatz zugedeckt 5–6 Minuten dämpfen. Die Bohnen sollten noch etwas Biss haben, also nicht zu stark dämpfen. Die Bohnen herausnehmen, mit der Sauce vermischen und servieren.

ROTE BETE MIT MEERRETTICHCREME

FÜR 4 PERSONEN

450 g Rote Bete (Randen), geschält, in dünne Schnitze geschnitten
1 TL Meersalz
120 g Sauerrahm
1½ EL Meerrettichsahne aus dem Glas
½ TL Dijonsenf
1 EL Schnittlauch, fein gehackt

In einem Kochtopf Wasser zum Kochen bringen (siehe Seite 10). Die Rote-Bete-Schnitze in den Dämpfeinsatz geben und mit dem Salz bestreuen. Zugedeckt 10–15 Minuten weich dämpfen. Inzwischen den Sauerrahm mit Meerrettich, Senf und Schnittlauch mit dem Rührgerät zu einer luftigen Creme aufschlagen. Die Rote Bete abkühlen lassen, dann mit der Meerrettichcreme anrichten. Nach Wunsch nochmals salzen.

BROKKOLI-AVOCADO-SALAT

FÜR 4 PERSONEN

1 mittelgroßer Brokkoli (ca. 400 g)
2 EL Apfelessig
1½ EL Honig
80 ml Olivenöl
Meersalz, frisch gemahlener schwarzer Pfeffer
½ kleine rote Zwiebel, fein geschnitten
1 Avocado, geschält, entsteint, gewürfelt

In einem Kochtopf Wasser zum Kochen bringen (siehe Seite 10). Den Brokkoli in etwa 1 cm dicke Stücke schneiden. Essig, Honig und Olivenöl miteinander verrühren, salzen und pfeffern. Den Brokkoli im Dämpfeinsatz zugedeckt 2–3 Minuten dämpfen, er soll blanchiert, aber noch bissfest sein. Herausnehmen und in eine Schüssel geben. Zwiebel, Avocado und Dressing hinzufügen und alles gut vermischen.

EDAMAME-BOHNEN

FÜR 4 PERSONEN

400 g Edamame-Bohnen, tiefgefroren
Meersalz

In einem Kochtopf Wasser zum Kochen bringen (siehe Seite 10). Die Bohnen im Dämpfeinsatz zugedeckt 6–8 Minuten dämpfen, bis sie warm und gar sind. Mit Meersalz bestreuen.

SAHNIGES BLATTGEMÜSE

FÜR 4 PERSONEN

250 g gemischtes grünes Blattgemüse (z. B. Spinat, Mangold, Rote-Bete-Blätter), grob zerkleinert
2 EL geriebener Pecorino oder Parmesan
6 EL Rahm (Sahne)
2 TL körniger Senf
Meersalz, frisch gemahlener schwarzer Pfeffer

In einem Kochtopf Wasser zum Kochen bringen (siehe Seite 10). Das Blattgemüse im Dämpfeinsatz zugedeckt 4–5 Minuten dämpfen. Den Käse mit Rahm, Senf, Salz und Pfeffer verrühren. Das Blattgemüse etwas abkühlen lassen, dann überschüssiges Wasser auspressen. Das Gemüse gut mit der Sauce vermischen, bis die Blätter davon umhüllt sind und der Käse geschmolzen ist.

EINFACHES KARTOFFELPÜREE

FÜR 4 PERSONEN

800 g mehligkochende Kartoffeln
25 g Butter
125–175 ml Milch
Meersalz, frisch gemahlener schwarzer Pfeffer

In einem Kochtopf Wasser zum Kochen bringen (siehe Seite 10). Die Kartoffeln schälen und vierteln, große kleiner schneiden. Im Dämpfeinsatz zugedeckt 20 Minuten dämpfen, oder so lange, bis sie weich sind. Die Kartoffeln in eine Schüssel geben, Butter und die Hälfte der Milch hinzufügen, salzen und pfeffern. Mit einem Kartoffelstampfer zu Püree verarbeiten. Mehr Milch hinzufügen, bis das Püree die gewünschte Konsistenz hat.

KÜRBISPÜREE

FÜR 4 PERSONEN

500 g Kürbis, geschält, gewürfelt
60 ml Rahm (Sahne)
1 TL gemahlener Kreuzkümmel
wenig frische Muskatnuss, gerieben
Meersalz, frisch gemahlener schwarzer Pfeffer

In einem Kochtopf Wasser zum Kochen bringen (siehe Seite 10). Den Kürbis im Dämpfeinsatz zugedeckt 5–10 Minuten weich dämpfen. In eine Schüssel geben, Rahm und Gewürze hinzufügen und zu einem Püree zerstampfen. Für eine dünnere Konsistenz mehr Rahm hinzufügen. Abschmecken und servieren.

ERBSEN & MINZE

FÜR 4 PERSONEN

300 g Erbsen, frisch oder tiefgefroren
30 g Butter
1 Bund Minze, geschnitten
Meersalz, frisch gemahlener schwarzer Pfeffer

In einem Kochtopf Wasser zum Kochen bringen (siehe Seite 10). Die Erbsen im Dämpfeinsatz zugedeckt 4–5 Minuten dämpfen. Herausnehmen, Butter und Minze unterrühren. Nach Geschmack salzen und pfeffern.

KAROTTEN MIT PETERSILIENBUTTER

FÜR 4 PERSONEN

1 Bund Karotten (ca. 400 g), Grün zurückgeschnitten
50 g Butter, Raumtemperatur
2 EL Petersilie, gehackt
1 TL Knoblauch, gehackt
Meersalz, frisch gemahlener schwarzer Pfeffer

In einem Kochtopf Wasser zum Kochen bringen (siehe Seite 10). Karotten, Butter, Petersilie und Knoblauch in einer Schüssel gut mischen, salzen und pfeffern. Den Boden des Dämpfeinsatzes mit Backpapier, Salat- oder Kohlblättern auslegen. Die Karotten im Dämpfeinsatz zugedeckt 8–10 Minuten weich dämpfen. Die Karotten in der geschmolzenen Petersilienbutter wenden und servieren.

SPARGEL MIT MISO-AÏOLI

FÜR 4 PERSONEN

2 gehäufte EL Aïoli (Fertigprodukt)
1 EL weiße Misopaste
2 TL Mirin
2 kleine Bund Spargel, küchenfertig vorbereitet
1 EL Furikake (japanische Gewürzmischung)

In einem Kochtopf Wasser zum Kochen bringen (siehe Seite 10). Aïoli, Miso und Mirin in einer Schale mit dem Schneebesen gut verrühren. Den Spargel im Dämpfeinsatz zugedeckt 3 Minuten dämpfen; er darf nicht verkochen. Mit Furikake würzen und das Miso-Aïoli zum Dippen dazu servieren.

LAUCH MIT THYMIANBUTTER

Für 4 Personen

125 ml Hühnerbrühe
25 g Butter
3 Zweige Thymian, Blätter abgezupft + einige Blättchen zum Garnieren
1 Knoblauchzehe, fein gewürfelt
4 Lauchstangen, längs halbiert, in 2–3 cm lange Stücke geschnitten
Meersalz, frisch gemahlener schwarzer Pfeffer

Die Hühnerbrühe mit Butter, Thymian und Knoblauch im Kochtopf zugedeckt zum Kochen bringen. Den Lauch im Dämpfeinsatz zugedeckt 10 Minuten dämpfen, bis er weich und glasig ist. Falls nötig etwas Flüssigkeit nachgießen. Den Lauch in eine Servierschüssel füllen, salzen und pfeffern, mit etwas Brühe übergießen und mit Thymianblättern garnieren.

ZUCCHINI MIT ZITRONE & HASELNÜSSEN

FÜR 2 PERSONEN

1 Zucchini (ca. 175 g)
Saft + Schale von ½ Zitrone
1 TL körniger Senf
2 EL Olivenöl
25 g Haselnüsse, gehackt, geröstet
Meersalz, frisch gemahlener schwarzer Pfeffer

In einem Kochtopf Wasser zum Kochen bringen (siehe Seite 10). Die Zucchini mit dem Gemüseschäler in lange Streifen schneiden. In den Dämpfeinsatz geben, die Zitronenschale hinzufügen. Zugedeckt 5 Minuten dämpfen. Zitronensaft, Senf und Olivenöl mit dem Schneebesen verrühren. Die Zucchini anrichten, mit dem Senfdressing beträufeln, salzen und pfeffern und mit den Haselnüssen bestreuen.

TERIYAKI-AUBERGINE

FÜR 4 PERSONEN

6 EL Teriyaki-Sauce
1 EL Hoisin-Sauce
2 Knoblauchzehen, fein gewürfelt
2 EL Petersilie, gehackt
1 große Aubergine (ca. 450 g), in Schnitze geschnitten
1 EL Meersalz

Teriyaki-Sauce, Hoisin-Sauce, Knoblauch und 1 EL Petersilie mischen. Die Auberginenschnitze darin wenden, salzen. Zugedeckt 1–4 Stunden marinieren. In einem Kochtopf Wasser zum Kochen bringen (siehe Seite 10). Den Boden des Dämpfeinsatzes mit Backpapier auslegen. Die Auberginenschnitze nochmals wenden, in den Dämpfeinsatz geben, die Hälfte der Marinade darübergießen. Zugedeckt 10–15 Minuten dämpfen, bis sie weich sind. Mit der restlichen Marinade beträufelt und mit Petersilie bestreut servieren.

KICHERERBSEN & KÜRBIS MIT SUMACH

FÜR 2 PERSONEN

425 g Kichererbsen aus der Dose, abgetropft
250 g Kürbis, gewürfelt
1½ TL Sumach
½ TL gemahlener Kreuzkümmel
1 EL Olivenöl
Meersalz
½ Bund Koriander, grob gehackt

In einem Kochtopf Wasser zum Kochen bringen (siehe Seite 10). Kichererbsen und Kürbiswürfel in den Dämpfeinsatz geben, mit der Hälfte des Sumachs, des Kreuzkümmels und des Olivenöls würzen, salzen. Zugedeckt 8–10 Minuten dämpfen, bis der Kürbis weich ist. Die restlichen Gewürze, Olivenöl und den Koriander unterrühren.

ARTISCHOCKEN MIT CAESAR DRESSING

FÜR 2 PERSONEN

½ Zitrone, in Scheiben geschnitten
2 Artischocken, Stiele und Blattspitzen weggeschnitten

Caesar Dressing:
20 g Parmesan, fein gerieben
1 Knoblauchzehe, gehackt
2 EL Olivenöl
1 EL Rotweinessig
2 EL Naturjoghurt
1 Anchovis, fein gehackt, mit 1 TL ihres Öls
1 Eigelb
Meersalz, frisch gemahlener schwarzer Pfeffer

Zitronenscheiben und Wasser im Kochtopf zum Kochen bringen (siehe Seite 10). Die Artischocken in den Dämpfeinsatz geben und zugedeckt 30–40 Minuten dämpfen. Mit einem Messer in Stiel und Herz der Artischocken stechen, um den Garzustand zu überprüfen, sie sollten weich sein. Alle Zutaten für das Dressing mit dem Schneebesen verrühren. Die Artischocken mit Salz und Pfeffer würzen und mit dem Dressing servieren.

KOHL MIT KAPERN

FÜR 4 PERSONEN

250 g Weißkohl, in ½ cm dicke Streifen geschnitten
100 g Rotkohl, in ½ cm dicke Streifen geschnitten
2 EL Olivenöl
1 EL Weißweinessig
50 g Kapern
ein paar Zweige Dill, gezupft
Meersalz, frisch gemahlener schwarzer Pfeffer

In einem Kochtopf Wasser zum Kochen bringen (siehe Seite 10). Den Kohl im Dämpfeinsatz zugedeckt 8–10 Minuten dämpfen, bis er weich und leicht glasig ist. Olivenöl, Essig, Kapern und Dill mischen. Salzen und pfeffern. Den Kohl auf eine Servierplatte geben und mit dem Kapern-Dressing übergießen.

SÜSSKARTOFFELN MIT CREMIGEM ZIEGENKÄSE

FÜR 2 PERSONEN

1 mittelgroße Süßkartoffel, ungeschält längs halbiert
50 g Frischkäse
100 g Ziegenfrischkäse
1 TL Meersalz
2 Zweige Minze, fein gehackt

In einem Kochtopf Wasser zum Kochen bringen (siehe Seite 10). Die Kartoffelhälften im Dämpfeinsatz zugedeckt 15–20 Minuten weich dämpfen. Frischkäse, Ziegenkäse und Salz mit dem Pürierstab cremig und luftig mixen. Die Minze unterheben und auf die Süßkartoffelhälften geben.

SPINAT-HÜTTENKÄSE-DIP

FÜR 4 PERSONEN

60 g Jungspinat, gehackt
1 kleine Schalotte, fein gehackt
1 Knoblauchzehe
1 TL Meersalz
250 g Hüttenkäse (Cottage Cheese)

In einem Kochtopf Wasser zum Kochen bringen (siehe Seite 10). Spinat und Schalotte im Dämpfeinsatz zugedeckt 3–4 Minuten dämpfen, bis der Spinat zusammenfällt; überschüssiges Wasser ausdrücken. Mit Knoblauch und Salz im Mixer oder Blitzhacker pürieren. Mit dem Hüttenkäse vermischen. Zu Knäckebrot oder Crackern servieren.

GRÜNKOHL MIT ZITRONE & MANDELN

FÜR 4 PERSONEN

4–6 Grünkohlblätter, Strunk entfernt, Blätter in Stücke geschnitten
1 Zitrone, fein abgeriebene Schale und Saft
2 EL Olivenöl
3 EL Mandelblättchen
Meersalz

In einem Kochtopf Wasser zum Kochen bringen (siehe Seite 10). Den Grünkohl im Dämpfeinsatz zugedeckt 6–8 Minuten dämpfen. In eine Servierschüssel geben. Mit Zitronensaft und Olivenöl beträufeln, mit Zitronenschale und Mandelblättchen bestreuen. Salzen.

GEMISCHTE PILZE MIT PESTO

FÜR 4 PERSONEN

500 g gemischte Pilze (z. B. weiße und braune Champignons, Austernpilze, Enoki)
2 EL Olivenöl
Meersalz
1 EL Balsamicoessig
2 EL Petersilie, grob gehackt
2 EL Pesto

In einem Kochtopf Wasser zum Kochen bringen (siehe Seite 10). Größere Pilze in Scheiben schneiden, kleinere halbieren, Enoki zerteilen. Mit 1 EL Olivenöl beträufeln, salzen. Im Dämpfeinsatz zugedeckt 5 Minuten dämpfen. Mit Essig beträufeln, umrühren und weitere 5 Minuten dämpfen. Anrichten, mit dem restlichen Öl beträufeln, salzen und die Petersilie untermischen. Pesto daraufgeben.

BOHNENSALAT

FÜR 4 PERSONEN

1½ EL körniger Senf
1 TL Honig
2 EL Weißweinessig
6 EL Olivenöl
Meersalz, frisch gemahlener schwarzer Pfeffer
425 g gemischte Bohnen aus der Dose, abgespült, abgetropft
80 g Maiskörner, tiefgefroren oder Dose
150 g grüne Bohnen, geputzt, mundgerecht geschnitten
½ kleine rote Zwiebel, gewürfelt
½ Bund Petersilie, gehackt

In einem Kochtopf Wasser zum Kochen bringen (siehe Seite 10). Senf, Honig, Essig, Olivenöl, Salz und Pfeffer mit dem Schneebesen verrühren. Dosenbohnen und Mais im Dämpfeinsatz zugedeckt 3 Minuten erwärmen. Die grünen Bohnen hinzufügen und weitere 3 Minuten dämpfen, bis sie gar sind. Herausnehmen, Zwiebel, Petersilie und Dressing unterrühren.

SEIDENTOFU MIT WÜRZIGER ERDNUSSSAUCE

FÜR 4 PERSONEN

Ca. 350 g fester Seidentofu
5 cm frischer Ingwer, geschält und in feine Stäbchen geschnitten
1 Handvoll Korianderblätter
1 EL gesalzene Erdnüsse, gehackt

Sauce:
6 EL Hoisin-Sauce
2 EL cremige Erdnussbutter
Saft von 1 Limette
2 EL warmes Wasser
1 EL Sojasauce
½ TL getrocknete Chiliflocken

In einem Kochtopf Wasser zum Kochen bringen (siehe Seite 10). Den Tofu auf einen kleinen hitzebeständigen Teller legen, der in den Dämpfeinsatz passt, mit dem Ingwer bestreuen. Den Tofu im Dämpfeinsatz zugedeckt 6–8 Minuten erwärmen. Die Zutaten für die Sauce in einer kleinen Schüssel mit dem Schneebesen gründlich verrühren. Den Tofu auf eine Servierplatte heben.
Mit der Sauce übergießen, mit Koriander und Erdnüssen bestreuen.

BROKKOLI MIT AUSTERNSAUCE

FÜR 4 PERSONEN

400 g Stangenbrokkoli (Broccolini)

Sauce:
3 EL Austernsauce
1 Knoblauchzehe, fein gewürfelt
1 TL geröstetes Sesamöl
1 EL Sojasauce
1 TL Agavensirup

In einem Kochtopf Wasser zum Kochen bringen (siehe Seite 10). Alle Zutaten für die Sauce verrühren. Den Brokkoli im Dämpfeinsatz zugedeckt 4–5 Minuten dämpfen; nicht verkochen, er schmeckt am besten, wenn er noch Biss hat. Mit der Austernsauce übergießen.

SÜSSES

BIRNEN IN ROTWEIN

FÜR 2–4 PERSONEN

2 Birnen (à 200 g), geschält
250 ml fruchtiger Rotwein (z. B. Rioja)
3 Gewürznelken
½ Vanilleschote
Saft von 1 Orange

Alle Zutaten in einer kleinen Schüssel vermischen. Die Birnen zugedeckt 30 Minuten bis 1 Stunde marinieren lassen, dabei von Zeit zu Zeit wenden, wenn sie nicht ganz mit Flüssigkeit bedeckt sind. Die Rotweinmischung in den Kochtopf gießen, aufkochen und ohne Deckel 10 Minuten köcheln lassen, bis sie auf die Hälfte eingekocht ist. Die Birnen im Dämpfeinsatz zugedeckt über der siedenden Flüssigkeit 15 Minuten weich dämpfen. Herausnehmen, halbieren oder im Ganzen servieren und mit der restlichen Flüssigkeit beträufeln.

SCHOKOLADENPUDDING MIT SAUCE

FÜR 4 PERSONEN

60 g Butter, geschmolzen, zusätzlich zum Fetten
80 ml Milch
1 Ei
100 g Mehl mit 1 TL Backpulver
2 Esslöffel Kakaopulver
80 g brauner Zucker

Schokoladensauce:
60 g brauner Zucker
15 g Kakaopulver
ca. 120 ml kochendes Wasser

In einem Kochtopf Wasser zum Kochen bringen (siehe Seite 10). Vier hitzebeständige Metallformen (250 ml Inhalt) fetten. Butter, Milch und Ei mit dem Schneebesen vermischen. Mehl, Backpulver und Kakao in eine Schüssel sieben. Den Zucker hinzufügen und vermischen. Eine Mulde formen, die Milchmischung hineingießen und alles gut verrühren. Den Teig in die 4 Formen verteilen und glatt streichen. Für die Sauce Zucker und Kakaopulver vermischen, gleichmäßig auf die Puddingformen verteilen. Jede mit $1\frac{1}{2}$ Esslöffeln heißem Wasser übergießen. Die Formen in den Dämpfeinsatz stellen und zugedeckt 10 Minuten dämpfen. Die Puddings auf Teller stürzen.
Warm servieren.

BEERENKOMPOTT

ERGIBT ETWA 250 ML

300 g gemischte Beeren, frisch oder tiefgefroren
25 g Puderzucker

In einem Kochtopf Wasser zum Kochen bringen (siehe Seite 10). Den Boden des Dämpfeinsatzes mit Backpapier auslegen. Die Beeren mit dem Puderzucker vermischen. Im Dämpfeinsatz zugedeckt 5–10 Minuten dämpfen, bis es die gewünschte Konsistenz hat; gelegentlich umrühren, damit sich der Puderzucker auflöst. Das Kompott warm, lauwarm oder kalt genießen oder zum Aufbewahren in ein Glasgefäß füllen. In einem luftdicht verschlossenen Behälter hält es sich bis zu 2 Wochen.

KOKOSNUSS-KLEBREIS MIT LIMETTE & MANGO

FÜR 4 PERSONEN

400 ml Kokosmilch
125 ml Vollrahm (Sahne), zusätzlich zum Servieren
fein abgeriebene Schale von 1 Limette
2 EL Ahornsirup
1 Vanilleschote, längs aufgeschlitzt, Mark ausgekratzt
200 g weißer Arborioreis
1 Mango, geschält, entsteint, in dünne Streifen geschnitten
2 EL Kokosflocken, geröstet

Kokosmilch, Rahm, Limettenschale, Ahornsirup und Vanillemark samt Schote mischen. Ein Viertel der Mischung beiseitestellen. Den Reis zur restlichen Flüssigkeit schütten und 45–60 Minuten ziehen lassen. In einem Kochtopf Wasser zum Kochen bringen (siehe Seite 10), dann die Temperatur zurückschalten. Den Boden des Dämpfeinsatzes mit Backpapier auslegen. Die Vanilleschote entfernen, den Reis in den Dämpfeinsatz füllen und zugedeckt 20 Minuten dämpfen. Die meiste Flüssigkeit sollte dann aufgesaugt sein. 125 ml Wasser nachgießen und weitere 15–20 Minuten dämpfen, bis die Flüssigkeit wiederum fast vollständig aufgesaugt ist. Auf dem ausgeschalteten Herd zugedeckt 5–10 Minuten ziehen lassen. Die beiseitegestellte Kokosmilchmischung unter den Reis rühren. Mit Mango, Kokosflocken und nach Wunsch Rahm servieren.

MERINGUE MIT ERDBEEREN

FÜR 4–6 PERSONEN

200 g Erdbeeren, in Stücke geschnitten
110 g Zucker
2 Eiweiß
1 EL weißer Zucker
1½ TL Speisestärke
½ TL weißer Essig
abgeriebene Schale von 1 Limette
300 ml Schlagrahm (Sahne), steif geschlagen, nach Belieben

In einem Kochtopf Wasser zum Kochen bringen (siehe Seite 10). Den Boden des Dämpfeinsatzes mit Backpapier auslegen. Die Erdbeeren mit den 110 g Zucker mischen. Das Eiweiß halbsteif schlagen, 1 EL Zucker einrieseln lassen und weiter schlagen, bis der Eischnee steif und glänzend ist. Die Speisestärke darübersieben, Essig und Limettenschale hinzufügen und unterheben. Die Meringuemasse auf das Backpapier geben, rund formen und glatt streichen. Über sehr niedriger Hitze zugedeckt 10–15 Minuten dämpfen. Bei zu hoher Temperatur bläht sich die Meringue auf und gart zu schnell. Die fertige Meringue sollte weich, aber von außen schön gefestigt sein. Warm mit den Erdbeeren oder abgekühlt mit Schlagrahm und Erdbeeren servieren.

BLAUBEER-KOKOS-KÜCHLEIN

FÜR 4 PERSONEN

1 Ei
60 ml Milch
60 g Butter, geschmolzen, zusätzlich Butter zum Fetten
90 g Mehl mit 1 gestrichenen TL Backpulver
15 g Kokosraspel
80 g Zucker
60 g Blaubeeren

Vier hitzebeständige Backformen (250 ml Inhalt) mit Butter einfetten. In einem Kochtopf Wasser zum Kochen bringen (siehe Seite 10). Ei, Milch und Butter verrühren. Mehl, Backpulver, Kokosraspel und Zucker ebenfalls mischen. Alles mischen und gut verrühren. Die Blaubeeren unterheben. Den Teig auf die Backformen verteilen. Im Dämpfeinsatz zugedeckt 20 Minuten dämpfen. Die Küchlein auf eine Platte stürzen, etwas abkühlen lassen, dann servieren.

All-Clad
All-Clad

ÄPFEL MIT NUSS-CRUMBLE

FÜR 2 PERSONEN

2 rote Äpfel, entkernt
10 g Kokosraspel
2 EL Nüsse (Pekan-, Walnüsse oder Haselnüsse)
1 Medjool-Dattel, entsteint
1 EL Ahornsirup

In einem Kochtopf Wasser zum Kochen bringen (siehe Seite 10). Die Äpfel im Dämpfeinsatz zugedeckt 12–15 Minuten weich dämpfen. Die Apfelschale platzt dabei eventuell auf. Kokosraspel, Nüsse und die Dattel im Blitzhacker grob zerkleinern. Die Nussmischung auf die Äpfel geben und mit Ahornsirup beträufelt servieren.

All-Clad
All-Clad

ZITRONEN-RICOTTA-CHEESECAKE

FÜR 4 PERSONEN

3 Butterkekse
10 g Butter, geschmolzen, zusätzlich zum Fetten
250 g Ricotta
125 g Frischkäse
180 g Zucker
1 TL Vanilleextrakt oder -paste
Saft und fein abgeriebene Schale von 1 Zitrone
2 Eier
1 EL Speisestärke
1 EL Mehl

Die Kekse mit der Butter im Blitzhacker zu Bröseln verarbeiten. Ricotta und Frischkäse mit dem elektrischen Rührgerät weich rühren. Zucker, Vanille, Zitronensaft und -schale, Eier, Speisestärke und Mehl unter ständigem Rühren hinzufügen. Die Mischung soll locker und cremig sein. In einem Kochtopf Wasser zum Kochen bringen (siehe Seite 10). Vier hitzebeständige Backformen (250 ml Inhalt) mit Butter fetten. Die Masse auf die Formen verteilen (die Formen etwa zu drei Vierteln füllen). Die Backformen in den Dämpfeinsatz stellen und über dem nur leicht siedenden Wasser zugedeckt 25 Minuten dämpfen. Die Formen herausnehmen, 1–2 Minuten abkühlen lassen, dann stürzen und mit den Keksbröseln bestreuen. Warm oder abgekühlt genießen.

REZEPTVERZEICHNIS

Die Originalausgabe dieses Buches ist unter dem Titel »Juste un cuit vapeur« 2018
bei Hachette Livre, Marabout, Paris, erschienen.

Autorin: Amelia Wasiliev. Fotos: Beatriz Da Costa.

Übersetzt von Barbara Buchwalter

Fotos: Beatriz Da Costa
Foodstyling: Laura Kinsey Dolph
Grafische Gestaltung: Michelle Tilly
Satz: AT Verlag
Printed in China

ISBN 978-3-03800-066-2

www.at-verlag.ch

Der AT Verlag, AZ Fachverlage AG, wird vom Bundesamt für Kultur
mit einem Strukturbeitrag für die Jahre 2016–2020 unterstützt.